油水井施工与改造

主　编　杨红丽　武世新
副主编　韩　静　严　茹
　　　　赵　怡　马中国（企业）
主　审　李克华

北京理工大学出版社
BEIJING INSTITUTE OF TECHNOLOGY PRESS

内容简介

本教材主要介绍提高原油采收率的各种化学方法、注水井增注和油井增产等内容，主要包含酸化施工酸的选择、酸液性能调整和性能测定，压裂施工稠化剂的选择、压裂液性能调整和性能测定，调剖施工方法、调剖剂作用机理，堵水施工堵水剂的选择和堵水机理，清防蜡和防砂施工化学方法及其作用机理，化学驱油各措施化学剂的选择及作用机理、工作液配制、性能测定等内容。

本教材采用工作手册式教材形态，体现职业教育类型特征，对接专业教学标准和职业标准。教材按照工作过程导向的编写思路，基于工作过程设计了六个模块、二十九个任务，让学生在做中学、学中做，通过任务实施，使学生在完成任务的过程中学习知识、激发灵感、积累经验。

本教材后附有参考文献，供读者深入钻研参考。教材涉及的名词术语均按全国自然科学名词审定委员会和石油工业标准化技术委员会有关文件规定使用。

本教材可作为石油院校有关专业的教学用书，也可作为从事石油工程专业、应用化学专业、精细化工专业研究人员和工程人员，以及油田化学剂生产技术人员的参考用书。

图书在版编目(CIP)数据

油水井施工与改造 / 杨红丽，武世新主编. -- 北京：北京理工大学出版社，2023.3

ISBN 978-7-5763-2788-5

Ⅰ. ①油… Ⅱ. ①杨… ②武… Ⅲ. ①采油井-工程施工②采油井-技术改造 Ⅳ. ①TE2

中国国家版本馆 CIP 数据核字(2023)第 160189 号

责任编辑：多海鹏　　**文案编辑**：多海鹏
责任校对：周瑞红　　**责任印制**：李志强

出版发行 / 北京理工大学出版社有限责任公司
社　　址 / 北京市丰台区四合庄路 6 号
邮　　编 / 100070
电　　话 / (010) 68914026 (教材售后服务热线)
(010) 68944437 (课件资源服务热线)
网　　址 / http://www.bitpress.com.cn

版 印 次 / 2023 年 3 月第 1 版第 1 次印刷
印　　刷 / 北京广达印刷有限公司
开　　本 / 787 mm × 1092 mm　1/16
印　　张 / 13.75
字　　数 / 287 千字
定　　价 / 69.90 元

本教材贯彻落实党的二十大精神，体现在美丽中国建设（绿色发展、节能环保等）、科技创新（对学生创新精神、创新能力的培养）、高质量发展（质量强国等），以及马克思主义基本原理、方法在工作过程中的应用（认识、分析、解决问题等方面的能力，以及系统思维、辩证思维等）等方面。

本教材体现职业教育类型特征，对接专业教学标准和职业标准，按照工作过程导向的编写思路，基于工作过程设计了六个模块、二十九个任务，让学生在做中学、学中做，通过任务实施，使学生在完成任务的过程中学习知识、激发灵感、积累经验。

本教材紧密对接产业，体现新方法、新技术、新工艺、新标准。本教材学习载体结合了行业企业最新的内容，强调教学内容的超前性、新颖性，及时补充当前最新科技、动态时政等信息，引入国家标准、行业标准和企业标准，将我国石油开采取得的最新成就等内容合理地嵌入到教材中，使学生的知识层次和结构与世界先进水平趋于同步，强化学生爱国、敬业、诚信、友善的价值观，引导学生加强创新意识和责任担当。

本教材采用校企合作的编写机制，吸收企业优秀的工程技术人员参与编写，在编写过程中就任务目标的确定、真实生产案例的提供，以及教材评价体系的设计等给出了关键的帮助与指导。

本教材与课程采取一体化建设思路，教材中融入了大量的精品课程资源，进一步丰富了教材内容，拓宽了学生视野，同时，数字化教学资源方便教材动态更新。目前本教材提供了配套慕课学院线上课程“油水井施工与改造”数字化教学资源，方便读者和学生学习、研讨，同时可登录平台进行互动交流，提升学习兴趣，拓展学习宽度。

本教材经历多轮校内试教试用，反复打磨修订凝练而成。教材编写团队阵容强大，其中杨红丽、武世新为教材主编，韩静、严茹、赵怡、马中国（企业）为教材副主编，长江大学李克华教授为教材主审。

本教材共分六个模块，内容包括酸化施工、压裂施工、调剖施工、堵水施工、清防蜡施工和油层的化学改造。其中模块一、模块五由杨红丽编写，模块二由赵怡编写，模块三由韩静编写，模块四由严茹编写，模块六由武世新、马中国（企业）编写。

在编写过程中，参阅和借鉴了大量的文献资料，在此对文献作者和资料提供者表示衷心感谢。由于编者水平有限，书中难免存在疏漏与不当之处，敬请广大读者批评指正。

编　者

目　录

模块一　酸化施工

任务一　熟悉酸化技术

【任务描述】

延长油田为了解除钻井、固井、完井、修井以及在采油过程中对地层造成的污染和伤害，经常会用到哪些技术？什么时候适合用酸化技术？

目前，酸化技术在油气田增产措施中，已经成为主流技术。当地层渗透率太低需要改善或者生产层堵塞时，可以通过井眼向地层注入一种或几种酸液，利用酸与进入储层的污染物和储层中可反应矿物的化学反应，清除进入储层连通通道和微裂缝的污染物，恢复储层孔隙、裂缝的流动能力，达到使油气井增产、注水井增注的目的。

【任务目标】

知识目标

1. 理解并熟记酸化作业及其作用机理；
2. 理解并熟记典型地层酸化体系。

能力目标

1. 能够在工作中判断酸化工艺及其分类；
2. 能够分析酸化作用机理。

素养目标

1. 养成学生爱岗敬业的石油精神；
2. 树立学生职业自豪感。

小贴士：

石油能源建设对我们国家意义重大，中国作为制造业大国，要发展实体经济，能源的饭碗必须端在自己手里。因此，我们必须坚持科技是第一生产力、创新是第一动力，开辟发展新领域，不断塑造发展新优势。

【案例导入】

请扫码观看“石油人的中国梦”故事，总结你的体会和受到的启发。

____

____

____

____

____

石油人的中国梦

中国人的石油梦

https://www.cup.edu.cn/cpcf/syjs/122595.htm。

【知识储备】

1. 酸化概述

学习微课“酸化概述”。

酸化概述

2. 酸化作用机理

2.1　碳酸盐岩酸化机理

碳酸盐岩是靠化学及生物化学的水相沉积或碎屑搬运形成的。由于碎屑灰岩可以完全重新胶结及结晶，易被误认为化学沉积，故其成岩过程难以判断。化学沉积形成的碳酸盐岩储层一般为结晶石灰岩及白云岩，泥灰岩及白垩岩亦属此类。其主要矿物为方解石和白云石，此外还含有文石、菱镁矿、菱铁矿等碳酸岩矿物以及混有泥质和陆源碎屑，有些可能含有黄铁矿。

碳酸盐岩酸化常用盐酸或多组分酸。在井下装有铝或铬设备或在深井高温情况下，如果缺乏有效的缓蚀剂，而油管又不能经受盐酸腐蚀时可用醋酸或甲酸酸化。其典型反应如下：

$$2HCl + CaCO_3 = CaCl_2 + H_2O + CO_2\uparrow$$

$$4HCl + CaMg(CO_3)_2 = CaCl_2 + MgCl_2 + 2H_2O + 2CO_2\uparrow$$

$$2HCOOH + CaCO_3 = Ca(HCOO)_2 + H_2O + CO_2\uparrow$$

$$2CH_3COOH + CaCO_3 = Ca(CH_3COO)_2 + H_2O + CO_2\uparrow$$

生成的产物 $CaCl_2$ 和 $MgCl_2$ 全部溶于残酸中，CO_2 除少量溶解于残酸外，大部分以微气泡的形式分散在残酸中随排液过程脱离地层，并起到助排剂的作用。

碳酸盐岩酸化中最重要的化学反应之一就是盐酸与碳酸钙的反应：

$$2HCl + CaCO_3 = CaCl_2 + H_2O + CO_2\uparrow$$

在该反应中，当酸液流经通道时，两个 HCl 分子与通道壁面一个碳酸钙分子发生反应。由于这是水溶液与固体间的反应，故称为多相反应。在多相反应中，对某一组分所观察得到的反应速率即液体中该组分浓度在时间上的变化率。酸与岩石反应示意图如图 1.1 所示，反应速率可按一步或两步进行观察控制。

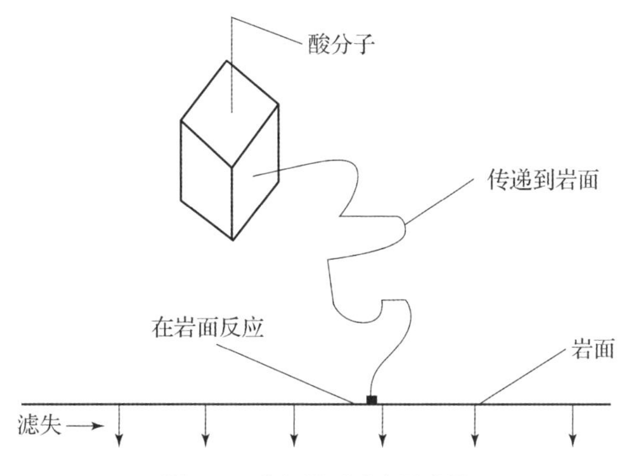

图 1.1 酸与岩石反应示意图

2.2 *砂岩酸化机理*

砂岩由砂粒和胶结物组成。砂粒包括石英、长石及各种岩屑。石英和长石同属架状结构的硅酸盐矿物。石英有 $\alpha-SiO_2$、$\beta-SiO_2$、$\gamma-SiO_2$ 三种晶型。而长石有正长石（如钾长石 $KAlSi_3O_8$）、斜长石（如钙长石 $CaAl_2Si_2O_8$、钠长石 $NaAlSi_3O_8$），它们是由 Al^{3+} 取代了石英硅氧四面体结构［Si_4O_8］中的 Si^{4+}，而不足的电价由 K^+、Na^+、Ca^{2+} 补偿而形成的。砂岩的胶结物有碳酸盐［$CaCO_3$、$CaMg(CO_3)_2$ 等］、黏土矿物高岭石、伊利石、蒙脱石、绿泥石以及微晶二氧化硅等。砂岩的油气储集空间和渗流通道都是砂岩孔隙。

对砂岩地层进行酸化的目的是解除近井地带的黏土伤害或施工滤液引起的地层伤害以及采油过程中可能引起的伤害，以增加地层渗透率。处理砂岩地层一般使用土酸酸化，在油田领域常将氢氟酸与盐酸的混合酸称为土酸。HF 和 HCl 的比例可根据胶结物的组成进行调整。酸岩反应如下：

HF 与石英砂的反应：

$$SiO_2 + 4HF = SiF_4 + 2H_2O$$

$$SiF_4 + 2HF = H_2SiF_6 \text{(氟硅酸)}$$

以上反应不剧烈，故石英颗粒溶解较慢。

HF 与长石的反应：

钠长石： $$NaAlSi_3O_8 + 22HF = 3H_2SiF_6 + AlF_3 + NaF + 8H_2O$$

钾长石： $$KAlSi_3O_8 + 22HF = 3H_2SiF_6 + AlF_3 + KF + 8H_2O$$

钙长石： $$CaAl_2Si_2O_8 + 20HF = 2H_2SiF_6 + 2AlF_3 + CaF_2\downarrow + 8H_2O$$

HF 与黏土矿物蒙脱石的反应：

$$Al_2Si_4O_{10}(OH)_2 + 36HF = 4H_2SiF_6 + 2H_3AlF_6 + 12H_2O \text{(氟铝酸)}$$

高岭石： $$Al_2O_3 \cdot 2SiO_2 \cdot 2H_2O + 18HF = 2H_2SiF_6 + 2AlF_3 + 9H_2O$$

由于黏土表面积比同等质量的砂粒表面积大200倍以上，所以该反应几乎是瞬间完成的。

用土酸进行受伤害地层的基质酸化，其产量增长最为明显。而对于未受伤害的地层，在多数情况下酸化效果并不显著。活性氢氟酸的穿透距离取决于地层中黏土的含量、地层温度、氢氟酸初始浓度、反应速度以及泵的排量。

3. 酸化工艺

根据酸化施工的方式和目的，其工艺过程可分为酸洗、基质酸化和压裂酸化。

3.1　酸洗

酸洗就是用少量的酸，在无外力搅拌的作用下，对施工或采油过程中可能造成的射孔孔眼的堵塞和井筒中的酸溶性结垢进行溶解并及时返排酸液，以防止酸不溶物（如管线涂料、石蜡、沥青、重晶石粉垢等）重新堵塞孔眼和井壁的一种油气井增产措施。其目的就是清除井筒中酸溶性结垢或疏通孔眼。

3.2　基质酸化

基质酸化是在低于地层岩石破裂压力的条件下，将酸液注入地层孔隙空间，利用酸液溶蚀近井地带的堵塞物，以恢复地层渗透率或用酸液溶解孔隙中的细小颗粒、胶结物等，以扩大孔隙空间、提高地层渗透率的一种增产措施。基质酸化可应用于碳酸盐岩和砂岩储层中，在砂岩地层中，基质酸化处理应设计用于清除或溶解“酸溶性”伤害或射孔孔眼中和近井地带地层孔隙骨架中的堵塞物。酸溶蚀砂岩孔隙堵塞物、胶结物示意图如图1.2所示。

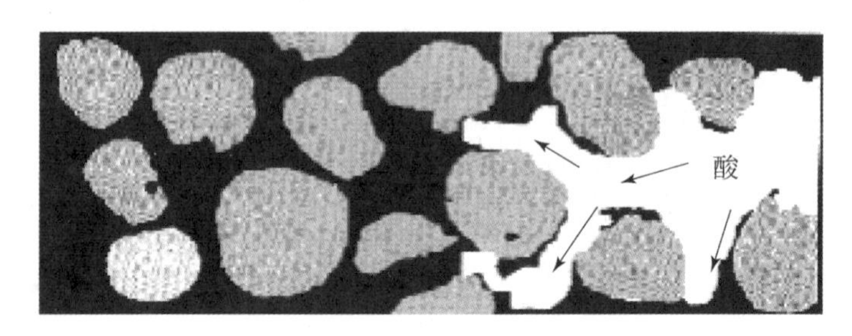

图1.2　酸溶蚀砂岩孔隙堵塞物、胶结物示意图

3.3　压裂酸化

压裂酸化（酸压）是在足以压开地层形成裂缝或张开地层原有裂缝的压力条件下的一种挤酸工艺。因此，酸压施工的泵注压力应大于地层破裂压力。由于酸液沿着裂缝沟槽流动，故会对两壁进行非均匀的溶蚀作用，产生所谓的“酸蚀蚓孔”。酸压过程示意图如图1.3所示，酸化施工结束后，虽然压力降低，但高导流的油气流通道不能闭合或完全闭合，使油气流从四面八方进入截面积较大的裂缝通道中，起到了改造地层天然渗透能力的作用，从而提高了油气产量。因此，酸压处理的目的是穿过伤害带或改造未伤害地带。

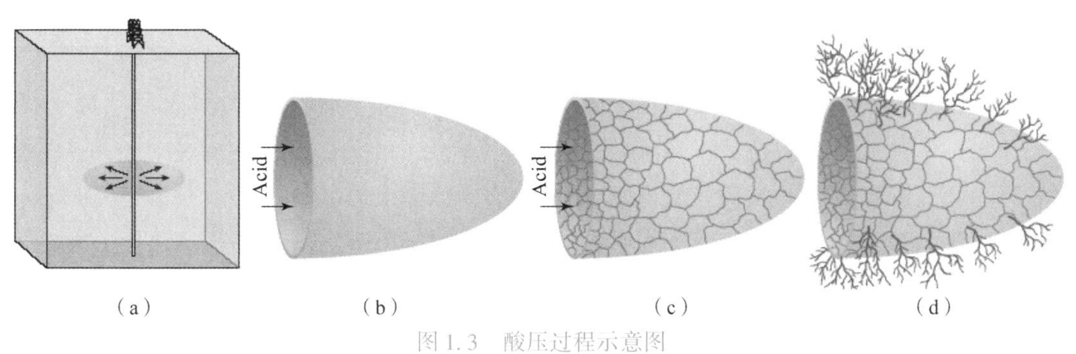

(a)　　(b)　　(c)　　(d)

图 1.3　酸压过程示意图

(a) 岩石被水力压开；(b) 酸注入裂缝；(c) 酸刻蚀裂缝；(d) 酸溶蚀出导流性“蚓孔”

【任务实施】

任务工作单如表 1.1 所示。

表 1.1　任务工作单

<table>
<tr><th colspan="5">任务工作单</th></tr>
<tr><td colspan="2">姓名：________</td><td colspan="2">班级：________</td><td>组号：________。</td></tr>
<tr><td colspan="5">分组情况</td></tr>
<tr><td>序号</td><td>学号</td><td>姓名</td><td>角色</td><td>职责</td></tr>
<tr><td></td><td></td><td></td><td></td><td></td></tr>
<tr><td></td><td></td><td></td><td></td><td></td></tr>
<tr><td></td><td></td><td></td><td></td><td></td></tr>
<tr><td colspan="5">工作过程</td></tr>
<tr><td>序号</td><td>工作内容</td><td colspan="2">完成情况</td><td>备注</td></tr>
<tr><td>1</td><td>根据条件判断是否需要进行酸化作业</td><td colspan="2"></td><td></td></tr>
<tr><td>2</td><td>根据地层类型判断酸化机理类型</td><td colspan="2"></td><td></td></tr>
</table>

续表

工作过程			
序号	工作内容	完成情况	备注
3	判断酸化类型		
出现问题		解决办法	

【任务评价】

任务评价表如表 1.2 所示。

表 1.2 任务评价表

小组名称					
组长		组员			
评价内容		分值	自评	互评	教师评价
组长组织工作（10 分）	1. 能平均、合理地分配任务	3			
	2. 能及时组织小组决策，把握进度	3			
	3. 能做好材料的收集、整理工作	4			
知识学习情况（20 分）	1. 能够正确理解酸化技术	10			
	2. 能够熟记酸化机理	10			
技能习得情况（20 分）	1. 能够判断酸化技术应用场景	10			
	2. 能够判断酸化机理	10			
小组合作情况（20 分）	1. 每个成员都能积极地参与小组活动	5			
	2. 每个成员都有自己明确的任务，并能认真地完成任务	5			
	3. 小组成员间能认真倾听，互助互学	5			
	4. 小组合作氛围愉快，合作效果好	5			

续表

评价内容		分值	自评	互评	教师评价
素质能力表现（20 分）	1. 具有克服困难、迎难而上的勇气	5			
	2. 具有精益求精的工匠精神	5			
	3. 具有爱岗敬业的精神	10			
创新能力（10 分）	应用创新思维、创新方法进行创新的能力较强，分析及解决问题的能力较好	10			
总分					
最后得分					

【拓展学习】

土酸酸化案例

1. 学习“土酸酸化案例”，完成以下任务。

（1）写出案例使用的酸液方案。

（2）施工中的安全措施有哪些？

2. 氢氟酸的正确使用。

学习“氢氟酸使用规范”，氢氟酸使用时有哪些注意事项？

氢氟酸使用规范

3. 硫酸的正确使用。

学习“硫酸使用规范”，硫酸使用时有哪些注意事项？

4. 固体硫酸——氨基磺酸简介。

学习“氨基磺酸”，氨基磺酸有哪些特点？

氨基磺酸

5. 写出配制 2% 的盐酸溶液 500 mL 的方法。

6. 写出配制 2% 的硫酸溶液 500 mL 的方法。

任务二 选择酸化用酸

【任务描述】

渤海油田在进行酸化作业改造过程中，需要选择适合的酸化用酸，请根据该油水井的特征，完成酸化用酸的正确选用，并提供选用依据。一般情况下，为了达到酸化施工目标，酸化用酸的选择需要遵守选井原则及尊重施工方式和现场应用效果来综合选择。

【任务目标】

知识目标

1. 理解并熟记酸化用酸及其特点；
2. 理解并熟记缓速酸酸化体系及其特点。

能力目标

1. 能够根据现场需求正确选择酸化用酸；
2. 能够分析缓速酸的作用机理。

素养目标

1. 养成学生敢闯敢干的创新意识；
2. 加强学生安全生产意识。

小贴士：

我们要坚持弘扬大庆精神，保障国家能源安全，打造技术创新型企业，做出实效，在勘探开发、绿色低碳发展、安全生产等方面加大技术创新力度，支撑油田高质量发展。

【案例导入】

查看“检修事故”，分析事故原因，从中我们可以得到什么启发？

____

____

____

【知识储备】

1. 酸化用酸

学习微课“酸化用酸”。

酸化用酸

2. 缓速酸酸化体系

所谓缓速酸是指酸岩反应速度比盐酸、土酸的酸岩反应速度低得多的酸化液。鉴于酸与地层的反应多是多相反应，故可以从以下过程研究增加酸岩反应时间、降低反应速度的措施。

（1）活性酸的生成。缓速酸中有一大类“潜在酸”，即在地层条件下产生活性酸，其生成属慢反应。

（2）酸至反应壁面的传递。该步骤是在扩散、对流混合并由密度梯度引起的混合或地层漏失等作用下进行的。

（3）酸与岩石表面反应。

（4）反应产物从岩石表面扩散到液相。

上述步骤中，有任何一个不是慢反应，都能延长活性酸的作用时间。缓速酸可通过降低或阻止酸岩反应速度而增加酸的穿透深度，从而进一步增加酸的穿透深度并延长所形成的流动通道。在形成虫孔的过程中，缓速酸也能降低酸通过虫孔滤失进入基质的速度，从而实现深穿透和延长流动通道。

缓速酸液的配制方法有以下四种：

（1）用表面活性剂缓速酸液；

（2）向酸液中加入有机酸或酸的反应产物（化学缓速）；

（3）物理缓速；

（4）潜在酸（自生酸）缓速。

2.1 控制化学反应平衡达到缓速

在地层条件下，HF 与硅质的反应很快，致使在它较深地穿透地层之前往往已成残酸了，而当某种铝盐加入 HF 时，铝离子便与氟离子生成较稳定的 AlF_n^{3-n}（$n \leqslant 6$）络离子，在酸化条件下有下列反应发生：

$$AlCl_3 + 4HF \longrightarrow AlF_4^- + H^+ + 3HCl$$

$$AlF_4^- + 3H^+ \xrightarrow{\text{缓慢}} AlF^{2+} + 3HF$$

$$6HF + SiO_2 \xrightarrow{\text{快}} H_2SiF_6 + 2H_2O$$

$$26HF + Al_2Si_4O_{10}(OH)_2 + 4HCl \xrightarrow{\text{更快}} 4H_2SiF_6 + 2AlF^{2+} + 12H_2O + 4Cl^-$$

各级络离子离解平衡中存在的 F^- 便会与酸液中的 H^+ 形成 HF 溶解黏土等堵塞物。随着 HF 的消耗，络离子便继续释放 F^-，这种反应受到络离子稳定性的控制，从而减缓 HF 的生成速度，相应减缓了溶解黏土的反应速度，使土酸处理液的活性穿透深度大大提高，且对砂岩固结性的破坏程度小。另外，$FeCl_3$ 与 $AlCl_3$ 相似，也能起到化学缓速酸的作用。

2.2 控制 H^+ 传质系数达到缓速

在酸液中加入性能优良的稠化剂或胶凝剂，以提高酸液黏度，有效地限制流体内部的对流，使 H^+ 的传递限于扩散，同时所加入的高分子稠化剂在酸中形成胶体网状结构，也阻止了 H^+ 的活动，从而有效地延缓了酸与岩石的反应速率。稠化酸具有滤失量小、摩阻低、有一定悬浮性等特点，易于以较高的速度注入，有助于在反应后除去不溶性微粒。国内外施工统计资料表明，稠化酸施工不仅增产幅度大，而且有效期长。分析认为，稠化酸在改造地层

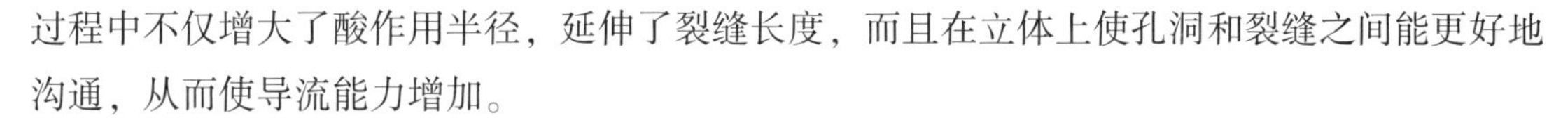

过程中不仅增大了酸作用半径，延伸了裂缝长度，而且在立体上使孔洞和裂缝之间能更好地沟通，从而使导流能力增加。

2.3　在岩石表面形成阻挡层缓速

2.3.1　暂堵剂选择性酸化

有许多油田都是非均质、多油层的，层内或层间渗透性差异大，而基岩酸化作业处理液流动的自然趋势是遵循最小阻力的途径。当加有暂堵剂的酸液泵入地层时，首先进入启动压力低的高渗透层段，暂堵剂便会在油层渗滤面滤积，形成低渗透的滤饼，从而使液体转向中低渗层。由于进入每层的处理液受滤饼阻力局限，故暂堵剂能促进液体于不同渗透层间达到平衡。一种有效的暂堵剂必须满足物理和化学两方面的要求。

1）物理要求

（1）滤饼渗透率为使暂堵的功效最大，暂堵剂在油（气）藏壁上应尽可能生成不渗透的滤饼。若暂堵剂滤饼的渗透率高于或等于最致密层的渗透率，则分流很少或不出现分流。

（2）无论岩石种类如何，为获得最大的暂堵效果和最小的清理问题，必须防止暂堵剂颗粒深入油（气）藏岩石。

2）化学要求

（1）配伍性。必须与处理液及其添加剂配伍，在井温下不与携带液起化学反应。

（2）易清理。暂堵剂在采出或注入液体中必须是可溶的，施工后可随产液排出。

在油田现场施工中，细粒级的苯甲酸常被用作暂堵剂。但因该产品在储存过程中凝聚，注入前很难控制恒定的颗粒尺寸，所以常用它的铵盐或钠盐作酸化暂堵剂。在盐酸中，这些盐将转化为苯甲酸：

$$C_6H_5COOH + NaCl \longrightarrow C_6H_5COOH + Na^+ + Cl^-$$

苯甲酸只少量地溶于盐酸，但强烈地溶于水或碱性溶液中，在起暂堵作用后，这种化合物溶于注入水。

2.3.2　靠化学吸附作用达到缓速

当酸液中加入某些表面活性剂时，由于岩石表面带有电荷，所加表面活性剂吸附其上，使其表面倾向油润湿性，从而形成一道阻碍酸传递到裂缝壁面的物理屏障，抑制活性酸与岩石表面接触，起到缓速作用。如四川地区和其他一些地区普遍使用烷基磺酸钠（AS）作为酸液缓速剂。因为AS是一种低分子量、阴离子型的表活剂，故能被吸附在带正电荷的碳酸盐岩石表面上。

2.3.3　酸液加油润湿剂达到缓速

在酸岩反应研究的试验中，用红外光谱仪连续测定排出的 CO_2 浓度，以确定实验过程中的反应速度。仅含缓蚀剂的盐酸体系的测定结果表明，CO_2 的浓度随时间而降低。相反，含有油润湿剂的酸液体系的测定结果为：CO_2 浓度在反应开始时很大，但随着反应的进行，显示一个很大的下降，这是在碳酸盐岩表面形成缓速膜的结果。当缓速膜完全形成时，CO_2 浓度随着裂缝宽度的增加缓慢下降，这是缓速膜被水的后冲洗作用而破裂的结果。这个试验说明了油润湿表面活性剂对反应速度的影响。

2.4 应用包容酸来达到缓速

2.4.1 泡沫酸

用表面活性剂作发泡剂，在酸液中充气泡，利用气泡减少酸与岩石的接触面积，同时又可限制酸的活性部分在同岩石接触处的扩散（依靠泡沫酸的稳定性），从而达到缓速；另一方面，由于油与残酸间的界面张力降低及近井地带泡沫的扩散，可以完全排出反应产物，又由于其比重较小、黏度较高及机械结构性能好，使其能增加酸与油层作用的范围。

2.4.2 乳化酸

乳化酸有油外相乳化酸和酸外相乳化酸两种，以前者居多。从乳化酸的微观结构看，稳定的体系是在分散了的酸粒表面包覆一层吸附的油薄膜，稳定时油将酸液与地层表面隔开，不发生反应，但当乳化剂在地层表面吸附时，就会减弱对酸液分散相的保护，使乳化酸破坏，分离出酸液，酸化地层。四川油田、华北油田和江汉油田等研制的乳化酸体系在油田的开发中起到了重要的作用。

2.4.3 胶束酸

该体系就是向酸液中加入性能优良的酸液胶束剂，使配成的酸液体系既具有胶束溶液的特点，又有酸化功能，在提高渗透率的同时又兼备改变油藏润湿性、降低界面张力、增加对重油的穿透能力和固体颗粒的悬浮能力，可以同时解除有机类和无机类堵塞物，是提高稠油地层酸化效果的一种新酸化体系。

胶束剂是一种高活性的表面活性剂，含有一部分亲水基（聚氧乙烯醚酸酯）和亲油基（$C_5 \sim C_9$ 的烷基），当溶解于水基酸液中时，其分子首先聚集在水基酸液表面形成酸液/空气界面上的吸附层，亲水基一端向酸液，亲油基一端向空气。当活性剂浓度增加到某一临界值时，其分子布满界面后便进入酸液内部。由于水分子对活性剂亲水基吸引、对亲油基排斥，酸液内大部分活性分子互相缔合聚集成团，形成亲油基为内核、亲水基向外伸露的聚合体，此时的酸液体系称为胶束酸。由于胶束酸内含有无数内核为烷基聚集成的胶束团，故当向胶束酸内加入油时，可以明显看到油滴逐渐被“溶解”，而看不到两相界面的存在，这实际上是水外相胶束将油溶解到胶囊的内壳中去了。这种现象称为胶束的增溶作用。胶束酸这一重要性质十分有利于稠油地层及被有机质污染的地层酸化解堵，因胶束酸中水外相胶束可以增溶的油相，进入地层的胶束酸一方面可以直接溶解堵塞地层的有机物，一方面可以有效地打破地层岩石外表的有机物裹覆层，打破油水界面，使活性酸有效地润湿和溶解近井地带的地层矿物，提高稠油地层或被有机物污染地层的酸化增产效果。

2.5 控制氢离子离解达到缓速

2.5.1 用强酸控制弱酸

对于一种或几种有机酸（如甲酸、乙酸等）与盐酸或氢氟酸的混合酸液，其酸岩反应速度依 H^+ 浓度而定。因此，可用弱电离的酸（如甲酸、乙酸、氯乙酸、二氯乙酸等）降低反应速度。有机酸的电离常数较小，溶解碳酸盐的速率慢。当盐酸中加入甲酸或乙酸时，溶液中氢离子数主要由盐酸的氢离子数决定，若氢离子浓度大，则可极大地降低有机酸的电离程度。因此，有机酸与盐酸的混合物在与碳酸盐岩作用时，必然是盐酸先作用完，然后是甲酸，再是乙酸，其总的耗时为三者耗时之和，这样就使酸的处理深度增大了。

2.5.2　自身缓速

在油田现场应用中取得好效果的浓缩酸体系就是靠自身缓速达到深部酸化的。该酸液体系以 H_3PO_4 为主体酸，其主要反应为

$$MCO_3 + 2H_3PO_4 = M(H_2PO_4)_2 + CO_2\uparrow + H_2O$$

$$MS + 2H_3PO_4 = M(H_2PO_4)_2 + H_2S\uparrow$$

$$FeO + 2H_3PO_4 = Fe(H_2PO_4)_2 + H_2O$$

$$Fe_2O_3 + 6H_3PO_4 = 2Fe(H_2PO_4)_2 + 3H_2O$$（M 为两价金属离子）。

H_3PO_4 是中强三元酸，在水中发生三级电离：

$$H_3PO_4 \rightleftharpoons H^+ + H_2PO_4^-$$

$$H_2PO_4^- \rightleftharpoons H^+ + HPO_4^{2-}$$

$$HPO_4^{2-} \rightleftharpoons H^+ + PO_4^{3-}$$

在与地层反应中，H_3PO_4 比电离度大的 HCl、HF 等要慢得多，其电离平衡式如下（25 ℃条件下）：

$$K_1 = \frac{[H^+][H_2PO_4^-]}{[H_3PO_4]} = 7.5\times10^{-3},\ K_2 = 6.2\times10^{-8},\ K_3 = 2.2\times10^{-13}$$

而 $K_{HCl} = 10$。

磷酸的离解程度由第一级电离常数决定，其离解过程受反应产物的控制。以与 $CaCO_3$ 反应为例，有：

$$H_3PO_4 + CaCO_3 \rightleftharpoons Ca(H_2PO_4)_2 + CO_2\uparrow + H_2O$$

在反应过程中，由于 CO_2 的不断生成使压力升高，对平衡反应有显著影响，抑制了正反应的发生，大大减缓了磷酸的消耗速度。由于地层酸化条件下 pH 值在一定时间内能保持较低范围，故 $H_3PO_4 + Ca(H_2PO_4)_2$ 可组成缓冲溶液，即 H_3PO_4 便成为一种“自身缓速”的酸。

2.5.3　自生酸（潜在酸）

自生酸体系多指砂岩酸化过程中缓慢生成 HF 的工艺。

1）“盐酸－氟化铵”交替注入工艺

胜利采油厂于 20 世纪 80 年代初就推广应用了“盐酸－氟化铵”自生土酸深部酸化工艺，方法是利用地层黏土的阳离子交换特点，交替注入盐酸和氟化铵水溶液，在黏土表面生成 HF，就地溶解黏土：$HCl + NH_4F = HF + NH_4Cl$。

此工艺具有以下特点：

（1）酸化半径大，可解除地层深部黏土损害；

（2）只在黏土表面生成 HF 而溶解黏土，不与砂子反应，既能达到解除黏土损害的目的，又不破坏油层骨架；

（3）不受地层温度限制；

(4) 处理液中盐酸浓度较低（5%~7%），氟化铵水溶液 pH 值 7 ~ 8，比常规土酸对设备的腐蚀小；

(5) 氟化铵为固体，使用方便，安全可靠，货源广，易于推广。

2）控制黏土运移的氟硼酸深部酸化

该技术是以氟硼酸为主体，与盐酸、土酸联合使用的一种综合处理工艺。当氟硼酸进入地层后，缓慢水解生成 HF。凡是 HBF_4 能够达到的深度都有 HF 生成，从而增加了活性酸的作用半径。

$$HBF_4 + H_2O \rightleftharpoons HBF_3OH + HF(慢)$$

$$HBF_3OH + H_2O \rightleftharpoons HBF_2(OH)_2 + HF(快)$$

$$HBF_2(OH)_2 + H_2O \rightleftharpoons HBF(OH)_3 + HF(快)$$

$$HBF(OH)_3 + H_2O \rightleftharpoons H_3BO_3 + HF(快)$$

$$HF + Al_2SiO_{16}(OH)_2 \rightleftharpoons H_2SiF_6 + AlF_3 + H_2O$$

氟硼酸的水解速度与其浓度和温度有关，一般来说，浓度越大、温度越高，水解生成 HF 的速度就越快。Smith 和 Hendrickson 对 HBF_4 与 HF/HCl 进行了比较，试验证明：在 65 ℃条件下，12% HBF_4 与岩石的反应速度比 12% HCl/3% HF 慢 10.7 倍，这样即大大增加了活性酸的作用半径。此外，HBF_4 在地层中能溶掉大量的黏土晶体及颗粒，被溶蚀的黏土会覆盖在黏土表面，封锁了黏土表面的离子交换点，使潜在的黏土颗粒原地胶结。室内及现场试验表明：被 HBF_4 所溶蚀下的黏土对外来的不配伍性流体不敏感，不会因为与不配伍性流体接触而再次发生膨胀和分散。

3. 乳状液的相关知识

乳状液是一种液体以液珠形式分散在与它不相混溶的另一种液体中而形成的分散体系。乳状液一般不透明，呈乳白色，液滴直径大多在 100 nm ~ 10 μm。

两种互不相溶的液体经振荡后形成的分散体系的表面吉布斯函数很高，是热力学不稳定体系，因此，要形成稳定的乳状液，必须设法降低混合体系的吉布斯函数。常用的方法是加入乳化剂（表面活性剂）。乳化剂分子的一端亲水，另一端亲油，在乳状液中，乳化剂分子在水、油两相的界面定向排列，如图 1.4 所示，极性基团指向水，非极性基团指向油，从而降低界面张力，增强乳状液的稳定性。另外，乳化剂分子紧密地定向排列在油—水界面上，形成一层保护膜，阻止了液滴的自动聚集，使乳状液趋于稳定。

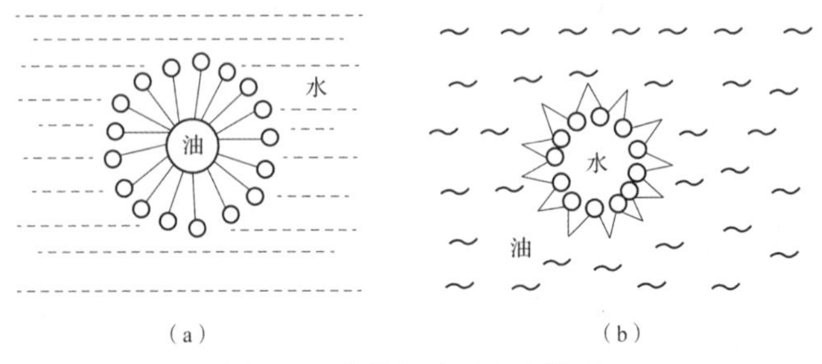

图 1.4 乳化剂分子定向排列

(a) 水包油 O/W；(b) 油包水 W/O

4. 泡沫

泡沫，即聚在一起的许多小泡，是由不溶性气体分散在液体或熔融固体中所形成的分散物系。

除了膜的强度和膜的弹性外，影响泡沫稳定性的因素还有体相黏度和表面黏度。体相黏度和表面黏度大，则排液速度慢，泡沫稳定。另外，泡沫总是由大小不均的气泡组成，根据拉普拉斯方程，小气泡中气体压力比大气泡中的大，于是气体从小气泡穿过液膜扩散到大气泡中，小气泡消失，大气泡变大，最终泡沫破坏。如果起泡剂分子吸附膜排列紧密，表面黏度大，则气体分子不易透过，泡沫稳定。

5. 酸液的选择原则

酸化时必须针对施工井层的具体情况选用适当的酸液，选用的酸液应符合以下几个要求：

（1）能与油气层岩石反应并生成易溶的产物；

（2）加入化学添加剂后，配制成酸液的化学性质和物理性质能满足施工要求（特别是能够控制与地层的反应速度和有效地防止酸对施工设备的腐蚀）；

（3）施工方便、安全，易于返排；

（4）价格便宜，来源广。

【任务实施】

任务工作单如表 1.3 所示。

表 1.3　任务工作单

<table>
<tr><td colspan="5">任务工作单</td></tr>
<tr><td colspan="2">姓名：________</td><td colspan="2">班级：________</td><td>组号：________</td></tr>
<tr><td colspan="5">分组情况</td></tr>
<tr><td>序号</td><td>学号</td><td>姓名</td><td>角色</td><td>职责</td></tr>
<tr><td></td><td></td><td></td><td></td><td></td></tr>
<tr><td></td><td></td><td></td><td></td><td></td></tr>
<tr><td></td><td></td><td></td><td></td><td></td></tr>
<tr><td></td><td></td><td></td><td></td><td></td></tr>
<tr><td></td><td></td><td></td><td></td><td></td></tr>
<tr><td></td><td></td><td></td><td></td><td></td></tr>
<tr><td colspan="5">工作过程</td></tr>
<tr><td>序号</td><td>工作内容</td><td colspan="2">完成情况</td><td>备注</td></tr>
<tr><td>1</td><td>选择要求的酸化用酸，具体选用步骤有哪些？请详细记录</td><td colspan="2"></td><td></td></tr>
</table>

续表

工作过程			
序号	工作内容	完成情况	备注
2	上述关键步骤的选用依据是什么？请说明		
3	在做该任务的过程中，有哪些创新性的思考？所选酸化用酸在生产生活中还有哪些类似的用途？请说明		
出现问题		解决办法	

【任务评价】

任务评价表如表 1.4 所示。

表 1.4　任务评价表

小组名称						
组长		组员				
评价内容			分值	自评	互评	教师评价
组长组织工作（10 分）	1. 能平均、合理地分配任务		3			
	2. 能及时组织小组决策，把握进度		3			
	3. 能做好材料的收集、整理工作		4			

续表

评价内容		分值	自评	互评	教师评价
知识学习情况（20分）	1. 能够正确理解酸化用酸及酸化形式	10			
	2. 能够熟记各种酸的特点	10			
技能习得情况（20分）	1. 能够判断各种应用场景的酸化用酸	10			
	2. 能够合理选择酸化用酸	10			
小组合作情况（20分）	1. 每个成员都能积极地参与小组活动	5			
	2. 每个成员都有自己明确的任务，并能认真地完成任务	5			
	3. 小组成员间能认真倾听，互助互学	5			
	4. 小组合作氛围愉快，合作效果好	5			
素质能力表现（20分）	1. 具有克服困难、迎难而上的勇气	5			
	2. 具有精益求精的工匠精神	5			
	3. 具有爱岗敬业的精神	10			
创新能力（10分）	应用创新思维、创新方法进行创新的能力较强，分析和解决问题的能力较好	10			
总分					
最后得分					

【拓展学习】

1. 如何鉴别牛奶和豆浆的乳状液类型？

2. 分析聚合物对泡沫稳定性的影响。

任务三　选择酸化添加剂

【任务描述】

渤海油田在进行酸化作业改造过程中，需要选择适合的酸化添加剂，请根据实际需求完成酸化添加剂的正确选用，并提供选用依据。

【任务目标】

知识目标

1. 理解并熟记酸化添加剂及其特点；
2. 理解并熟记酸化添加剂的筛选和评价。

能力目标

1. 能够分析酸化添加剂的作用机理；
2. 能够根据现场需求选择合适的酸化添加剂。

素养目标

1. 提高善于分析、勇于思考的创新意识；
2. 养成学生终身可持续发展的能力。

小贴士：

党的二十大报告中强调加大油气资源勘探开发和增储上产力度。因此，我们必须致力于关键核心技术攻关和拔尖创新人才培养，深入实施创新发展战略，力争实现低渗透油气资源开发利用大发展。

【案例导入】

在油井增产、水井增注中，酸化作业是一项重要的措施。铁离子稳定剂是在酸化过程中，为克服铁离子的沉淀给地层带来二次伤害而使用的一种酸液添加剂。2021 年研究发现，用草酸、冰醋酸、乙二胺四乙酸（EDTA）和柠檬酸四种铁离子稳定剂的稳铁能力，可制备出新型铁离子稳定剂，具有螯合性、还原性和 pH 控制性等特性，以及较好的热稳定性，且与酸液中其他添加剂配伍性好。

查看以上案例，从案例中可以得到什么启发？

【知识储备】

1. 酸化添加剂

学习微课“酸化添加剂”上、下。

“酸化添加剂”上、下

2. 电化学腐蚀

学习视频“金属的电化学腐蚀”，写出电化学腐蚀机理。

金属的电化学腐蚀

3. 铁离子的水解反应

铁是一变价元素，常见价态为 +2 和 +3 价。铁与硫、硫酸铜溶液、盐酸、稀硫酸等反应时失去两个电子，成为 Fe^{2+} 价；与 Cl_2、Br_2、硝酸及热浓硫酸反应，则被氧化成 Fe^{3+}。铁与氧气或水蒸气反应生成的 Fe_3O_4，往往被看成 $FeO \cdot Fe_2O_3$ 或 $Fe(FeO_2)_2$，但实际上是一种具有反式尖晶石结构的晶体，既不是混合物，也不是盐。

铁是有光泽的银白色金属，硬而有延展性，熔点为 1 538 ℃，沸点为 2 750 ℃，有很强的铁磁性，并有良好的可塑性和导热性。晶体结构为体心立方结构，晶格常数 $a = 2.87$ Å。日常生活中的铁通常含有碳，因而暴露在氧气中容易在遇到水的情况下发生电化学腐蚀，而纯度较高的铁则不易被腐蚀。

铁离子的氧化性是大于铜离子的，而铁单质可以还原铜离子，自然更能还原铁离子了。其还原性从大到小：K，Ca，Na，Mg，Al，Zn，Fe，Sn，Pb，H，Cu，Hg，Ag，Pt，Au；氧化性从小到大：K^+，Ca^{2+}，Na^+，Mg^{2+} Al^{3+}，Zn^{2+}，Fe^{2+}，Sn^{4+}，Pb^{2+}，H^+，Cu^{2+}，Fe^{3+}，Hg^+，Ag^+，Pt，Au。其实这是按照金属活动性顺序排列的。

含 Fe^{2+} 的溶液为浅绿色（很不明显），而含 Fe^{3+} 的溶液颜色不一定，不同的配合物颜色不同，如 $[Fe(H_2O)_6]^{3+}$ 为淡紫色，而 $[FeCl_6]^{3-}$ 为黄色。

三价铁离子（Fe^{3+}）的检验方法如下：

（1）加苯酚显紫红色（络合物）；

（2）加 SCN^-（离子）显血红色（络合物）；

（3）加氢氧化钠有红褐色沉淀，从开始沉淀到沉淀完全时溶液的 pH（常温下）值为 2.7～3.7。

4. 酸化常用的化学剂

1）增稠剂

增稠剂又称胶凝剂，主要用于提高酸液的黏度，延缓反应活性物质向岩石矿物表面的传递速率，降低酸液向地层的滤失，同时还可起到降低摩阻的作用。常用的增稠剂有丙烯酰胺共聚物、乙烯类共聚物，以及纤维素（CMC、HEC）、杂多糖、脂肪胺等其他类聚合物。

2）用于乳化酸、泡沫酸液体系的乳化剂和发泡剂

乳化剂和发泡剂通常选用非离子型表面活性剂。此外有机胺的季铵盐、烷基酚乙氧基化合物、氧化乙烯－氧化丙烯－丙烯乙二醇的三元共聚物和烷基或芳基－聚乙氧基磷酸酯等都是较好的表面活性剂。

3）防地层伤害化学剂

在酸化过程中，酸液与岩石反应产物堵塞孔隙，或颗粒运移、黏土膨胀作用而导致地层渗透率的下降，造成地层伤害。常用 $Al(OH)_3$、$ZrCl_2$ 或季铵盐类聚合物作为黏土稳定剂、防膨剂。此外，常用磺化水杨酸、柠檬酸、二羟基马来酸、乙二胺四乙酸、乳酸、葡萄糖酸、氮川三乙酸、柠檬酸和醋酸的混合物以及盐酸羟胺（$NH_2OH \cdot HCl$）、柠檬酸和葡萄糖酸－δ－内酯的混合物等作为 Fe^{2+} 的稳定剂。

4）防垢剂

防垢剂除用于酸化外，亦可用于注水和三次采油。防垢剂包括乙醇乙氧磺酸、低相对分子质量乙烯基磺酸盐、甲基丙烯酸甲酯－乙二胺共聚物和乙二胺四乙酸等。当饱和地层流体冷却或生产井附近压力下降时，可能产生石膏结垢，除垢用乙酸钾。常用乙醇钾、柠檬酸钾、碱溶液等清洗井筒，用乙二胺四乙酸整合剂溶解碳酸钙沉淀。

5）缓蚀剂

缓蚀剂用于油井酸化防腐蚀，主要采用醛类（如甲醛）、硫醇、聚醚、烷基磺酸盐、吡啶类化合物（如氯化基吡啶）以及炔醇等。

5. 黏土矿物

黏土矿物（Clay Minerals，地质学专业术语），是组成黏土岩和土壤的主要矿物。它们是一些含铝、镁等为主的含水硅酸盐矿物。除海泡石、坡缕石具链层状结构外，其余均具层状结构；颗粒极细，一般小于 0.01 mm；加水后具有不同程度的可塑性。黏土矿物主要包括高岭石族、伊利石族、蒙脱石族、蛭石族以及海泡石族等矿物。

晶体结构与晶体化学特点决定了它们的以下一些性质。

（1）离子交换性。具有吸着某些阳离子和阴离子并保持交换状态的特性。一般交换性阳离子是 Ca^{2+}、Mg^{2+}、H^+、K^+、$(NH_4)^+$、Na^+，常见的交换性阴离子是 $(SO_4)^{2-}$、Cl^-、$(PO_4)^{3-}$、$(NO_3)^-$。高岭石的阳离子交换容量最低，5～15 mg 当量/100 g；蒙脱石、蛭石的阳离子交换容量最高，100～150 mg 当量/100 g。产生阳离子交换性的原因是破键和晶格内类质同象置换引起的不饱和电荷需要通过吸附阳离子而取得平衡；阴离子交换则是晶格外

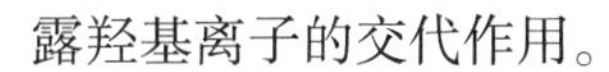

露羟基离子的交代作用。

（2）黏土－水系统特点。黏土矿物中的水以吸附水、层间水和结构水的形式存在。结构水只有在高温下结构被破坏时才失去，但是吸附水、层间水以及海泡石结构孔洞中的沸石水都是低温水，经低温（100～150 ℃）加热后即可脱出，同时像蒙皂石族矿物失水后还可以复水，这是一个重要的特点。黏土矿物与水作用所产生的膨胀性、分散和凝聚性、黏性、触变性和可塑性等特点在工业上得到广泛应用。

（3）黏土矿物与有机质的反应特点。有些黏土矿物与有机质反应形成有机复合体，改善了它的性能，扩大了应用范围，还可作为分析鉴定矿物的依据。如蒙脱石中可交换的钙或钠被有机离子取代后形成有机复合体，使层间距离增大，从原有亲水疏油转变为亲油疏水，利用这种复合体可以制备润滑脂、油漆防沉剂和石油化工产品的添加剂。其他如蛭石、高岭石、埃洛石等也能与有机质形成复合体。此外，黏土矿物晶格内离子置换和层间水的变化常会影响光学性质的变化。蒙皂石族矿物中的铁、镁离子置换八面体中的铝，或者层间水分子的失去，都会使折光率与双折射率增大。

【任务实施】

任务工作单如表 1.5 所示。

表 1.5 任务工作单

任务工作单				
姓名：________		班级：________		组号：________
分组情况				
序号	学号	姓名	角色	职责

续表

工作过程			
序号	工作内容	完成情况	备注
1	分析酸化中会用到的添加剂		
2	酸化用缓蚀剂有哪几类？分别通过什么机理起缓蚀作用？请说明		
3	酸化中为什么要使用黏土防膨剂？可以用哪些化学剂抑制黏土膨胀？请说明		
4	酸化作业中铁离子从哪里来？为什么要抑制铁离子水解？如何抑制铁离子水解？请说明		

出现问题	解决办法

【任务评价】

任务评价表如表 1.6 所示。

表 1.6　任务评价表

小组名称					
组长		组员			
评价内容		分值	自评	互评	教师评价
组长组织工作（10 分）	1. 能平均、合理地分配任务	3			
	2. 能及时组织小组决策，把握进度	3			
	3. 能做好材料的收集、整理工作	4			
知识学习情况（20 分）	1. 能够正确理解酸化添加剂	10			
	2. 能够熟记各种酸化添加剂	10			
技能习得情况（20 分）	1. 能够判断各种应用场景的酸化添加剂	10			
	2. 能够合理选择酸化添加剂	10			
小组合作情况（20 分）	1. 每个成员都能积极地参与小组活动	5			
	2. 每个成员都有自己明确的任务，并能认真地完成任务	5			
	3. 小组成员间能认真倾听，互助互学	5			
	4. 小组合作氛围愉快，合作效果好	5			
素质能力表现（20 分）	1. 具有克服困难、迎难而上的勇气	5			
	2. 具有精益求精的工匠精神	5			
	3. 具有爱岗敬业的精神	10			
创新能力（10 分）	应用创新思维、创新方法进行创新的能力较强，分析和解决问题的能力较好	10			
总分					
最后得分					

【拓展学习】

1. 学习中华人民共和国石油天然气行业标准 SY/T 6571—2012《酸化用铁离子稳定剂性能评价方法》，写出铁离子稳定剂性能评价指标及标准。

https://max.book118.com/html/2019/1115/5120333241002201.shtm

SY/T 6571—2012

2. 写出酸液中铁离子的测定方法。

任务四 测定酸液腐蚀速度

【任务描述】

在生产现场需要测定酸液的腐蚀速度，评价缓蚀剂的缓蚀效果，也就是评价这款缓蚀剂对金属的防腐蚀效果。

【任务目标】

知识目标

理解并熟记腐蚀度的测定方法和原理。

能力目标

1. 能够团队合作设计实验步骤并完成实验；
2. 能够独立进行仪器操作。

素养目标

1. 养成学生精益求精的工匠精神；
2. 养成学生的自我担当和团队合作精神；
3. 养成学生的安全生产意识。

小贴士：

二十大报告中指出“青年强，则国家强。当代中国青年生逢其时，施展才干的舞台无比广阔，实现梦想的前景无比光明。”因此，我们需要牢记自己身上的重任，勇于担当，通过出色的技术技能为国家的发展贡献自己的力量。

【案例导入】

2022 年 9 月 5 日，记者从工程材料研究院获悉，该院自主研发的 2205 双相不锈钢专用超高温酸化缓蚀剂，大幅降低了双相不锈钢在酸液体系中的腐蚀速率，仅为 SY/T 5405—2019 行业标准限制值的 17%，这成为继攻克超级 13 铬不锈钢酸化腐蚀难题后，中国石油在不锈钢酸化缓蚀剂领域取得的又一重大突破。

缓蚀剂具有高效、低成本且操作简单等优点，是防腐蚀领域中应用广泛的技术之一。缓蚀剂的防腐性能取决于材质、腐蚀介质、温度、缓蚀剂的分子结构、溶解性等诸多因素，并且在超高温、强腐蚀等苛刻服役工况下会出现脱附严重，难以形成稳定、致密的膜层等问题。因此，研发油气超深井专用高效缓蚀剂极具挑战性。

近年来，我国油气开采不断向纵深发展，超深井管柱选材受到广泛关注。在高温、高压、高含二氧化碳等恶劣环境下，碳钢、超级 13 铬等管柱材质已无法满足需求，需要采用双相不锈钢、镍基合金等更高级别的耐蚀合金。

2021 年，工程材料研究院腐蚀与防护团队经过科研攻关，建立了双层膜结构的防护模型。该模型通过底层膜结构与金属基体形成配合物，增强高温下膜层的稳定性；辅以上层有机膜层补充底层膜结构缺陷，提升复合膜层的致密性，在 180 ℃土酸酸液体系中，将不锈钢腐蚀速率降至 12 g/(m^2·h)，成功解决了 2205 双相不锈钢管材酸化腐蚀难题，为不断拓宽超深井管柱的选材范围、保障油气田安全高效运行提供了重要技术支撑。

学习以上案例，对我们有什么启发？

____

____

____

____

____

【知识储备】

1. 缓蚀剂评价方法

1.1　酸液缓蚀率的测定

学习微课“酸液缓蚀率的测定”。

酸液缓蚀率的测定

1.2　酸化缓蚀剂作用机理

有机缓蚀剂由能吸附在金属表面的极性有机物质组成，故有机缓蚀剂在酸和金属间形成一层起屏蔽作用的保护膜。缓蚀剂成膜简化图如图 1.5 所示。

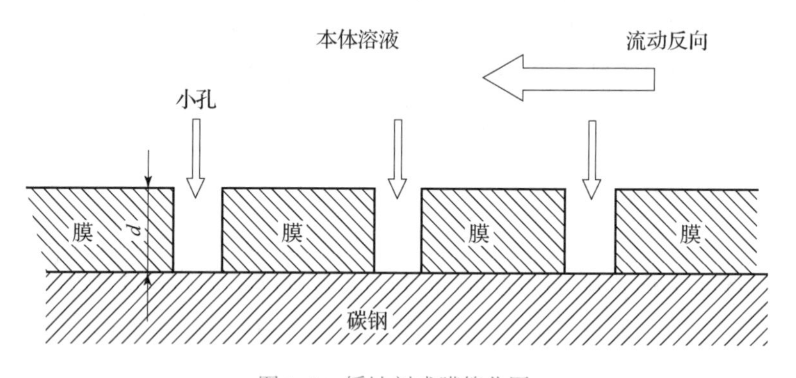

图 1.5　缓蚀剂成膜简化图

有机缓蚀剂通过限制 H^+ 在阴极处的迁移而起到阴极极化剂的作用。有机缓蚀剂由较复杂的化合物组成，化合物有一个或多个含 S、O 或 N 的极性基团。

有机缓蚀剂的主要优点如下：

（1）可用于含 H_2S 的环境，无沉淀（如硫化砷，它可以堵塞井筒）产生；

（2）不毒化炼制用的催化剂；

（3）在任何酸浓度下都有效。

其缺点如下：

（1）在酸存在时，随着时间的延长而降解，因而当温度高于 200 ℉（95 ℃）时，很难提供长时间的保护作用。

（2）比无机缓蚀剂的成本高。

1.3　缓蚀剂分类

目前常用的有机缓蚀剂的类型有以下几种。

1）醛类

醛类缓蚀剂主要使用的是甲醛。由于醛类具有极性基团——CHO，其中心原子 O 有两对孤对电子，它与 Fe 的 d 电子轨道形成配位键而吸附在金属表面，从而抑制了金属的腐蚀。甲醛在铁表面的吸附如图 1.6 所示。

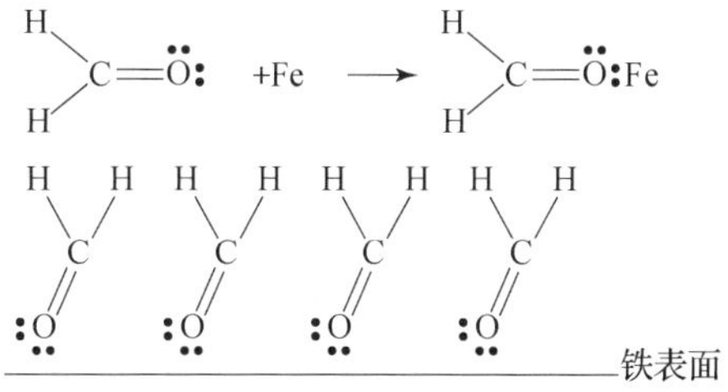

$$H_2C{=}\ddot{O}: + Fe \longrightarrow H_2C{=}\ddot{O}:Fe$$

铁表面

图 1.6　甲醛在铁表面的吸附

此外，甲醛在酸中能形成 $H_2C{=}\ddot{O}:H^+$，可以保护钢铁的阴极，使钢铁表面局部带正电而排斥 H^+。

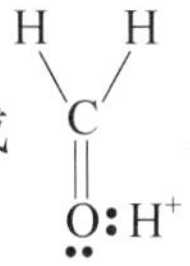

2）含硫类活性剂

硫醇：R—SH，R：$C_{12} \sim C_{18}$。

硫醚：R_1—S—R_2，硫醚在酸介质中有以下反应：

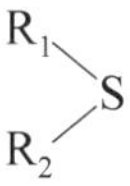

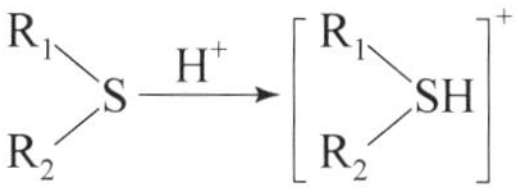

$$R_1\text{—S—}R_2 \xrightarrow{H^+} [R_1\text{—SH—}R_2]^+$$

反应产物能在阴极上形成保护膜。R_1 或 R_2 含有不饱和键或短支链，故吸附和屏蔽效应更好。

硫脲类，如邻二甲苯硫脲：$(CH_3)_2C_6H_3\text{—NH—C(=S)—}NH_2$。

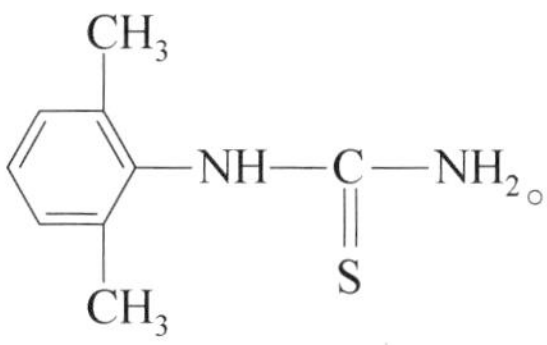

3）含氧类活性剂

聚醚：$R\text{—}C_6H_4\text{—O—}[CH_2CH_2O]_n\text{—H}$，R：$C_{12} \sim C_{18}$；

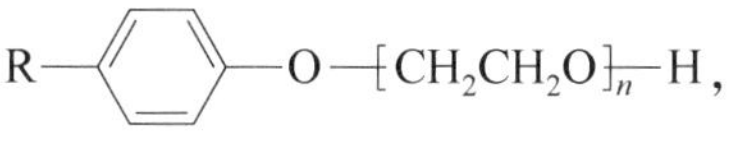

$R—O—[CH_2CH_2O]_n—H$，$n>5$。

表面活性剂的非极性基定向排列成了疏水膜保护层。膜的强度与碳链长度有关，膜厚而致密，则屏蔽效应好，但随碳链增长，它在水或酸中溶解性降低。

4）磺酸盐活性剂

烷基磺酸钠：$R—SO_3Na$，R：C_{12} ~ C_{18}。

烷基苯磺酸钠：$R—C_6H_4—SO_3Na$，R：C_8 ~ C_{14}。

5）胺类

胺类化合物的氮原于有自由电子对，使其具有亲核性。例如烷基胺在盐酸中有如下反应：

$$R\ddot{N}:H_2 + HCl \longrightarrow \begin{bmatrix} H \\ RHN_2 \end{bmatrix}^+ Cl^-$$

烷基胺作缓蚀剂，R 通常为 C_{12} ~ C_{18}。

6）吡啶类缓蚀剂

吡啶类缓蚀剂是目前国内外广泛使用的酸液缓蚀剂。我国各油田常用的 7701、7623 和 7461－102 缓蚀剂都是吡啶类缓蚀剂。例如：7701 缓蚀剂主要成分为氯化苄基吡啶，是由制药厂的吡啶釜渣在乙醇等试剂中与氯化苄反应制得。其反应如下：

$$R—C_5H_4N + Cl—CH_2—C_6H_5 \longrightarrow [C_6H_5—CH_2—N C_5H_4—R]^+ Cl^-$$

如果用喹啉替换吡啶，即可得到类似的缓蚀剂氯化苄基喹啉季铵盐：

$$[C_6H_5—CH_2—N C_9H_6—R]^+ Cl^-$$

其常用配方为：质量分数 1.0% 的 7701＋质量分数 0.5% 乌洛托品，可以在 90 ~ 190 ℃ 温度下，质量分数为 15% ~ 28% 的盐酸中使用。

美国的 W. W. Frenier 等人对吡啶类缓蚀剂的作用机理进行了详细的研究。他们在室内用质量分数 20% 的异丙醇作溶剂，使 1－溴基十二烷和吡啶在其中回流 6 h，溴化物滴定结果表明反应程度大于 98%，得到产物溴化十二烷基吡啶：

$$[C_5H_5N—C_{12}H_{25}]^+ Br^-$$

通过电化学方法测定 HCl 在 J－55 钢片的腐蚀速度，以及金属铁在不同温度下溶解于不同浓度（质量分数 1% ~ 20%）盐酸中详细的动力学研究表明：金属铁在极性水分子的作用下，表面可以形成水膜——Fe·[H_2O]。在缺氧时，钢在无缓蚀剂的盐酸中受到 Cl^- 的活化作用，其腐蚀机理表达如下：

$$Fe\cdot[H_2O]+Cl^-\longrightarrow Fe[Cl^-][H_2O]$$

与 H_2O 比较，H_3O^+ 更容易与 Cl^- 通过静电结合，因此：

$$Fe[Cl^-][H_2O]+H_3O^+\longrightarrow Fe[Cl^-][H_3O^+]+H_2O$$

$$2Fe[Cl^-][H_3O^+]\longrightarrow Fe^{2+}+Cl^-+H_2\uparrow+H_2O+Fe[Cl^-][H_2O]$$

缓蚀剂吡啶盐通过季铵阳离子可以比 H_3O^+ 优先吸附在 Fe［Cl^-］［H_2O］表面：

$$Fe[Cl^-][H_2O]+\left[\text{C}_5\text{H}_5\text{N}-C_{12}H_{25}\right]^+Br^-\longrightarrow Fe[Cl^-]\left[\text{C}_5\text{H}_5\text{N}-C_{12}H_{25}\right]^+Br^-+H_2O$$

由于缓蚀剂是依靠静电吸附在钢片表面上的，这种吸附并不很牢固，故吡啶盐对温度的变化较敏感。

7）炔醇类

与吡啶类一样，炔醇类缓蚀剂是应用最为广泛的另一类有机缓蚀剂，其性能稳定，尤其适用于高温。

国内外常用的炔醇类缓蚀剂有乙炔醇 CHCOH、丁炔二醇 $HOCH_2CCCH_2OH$、丙炔醇 $HOCH_2CCH$、己炔醇 $C_3H_7CH(OH)CCH$、辛炔醇 $CH_3(CH_2)_4CH(OH)CCH$，以及由炔醇同胺类、醛（酮）类合成的多元化合物，其中乙炔醇、丙炔醇及其衍生物最常用，如美国的 A－130、A－170 缓蚀剂，以及我国的 7801 缓蚀剂等。

炔醇类缓蚀剂常与胺类缓蚀剂及碘化钾、碘化亚铜复配使用，可用于 200～260 ℃温度范围。

炔醇类缓蚀剂的作用机理被认为是炔烃通过 π 键与金属铁表面形成络合薄膜，从而防止酸的侵蚀。用红外光谱分析辛炔醇在钢表面上形成的薄膜之后发现，被吸附的炔醇在酸介质中与钢铁表面首先在炔键处加氢形成烯醇，然后脱水生成共轭二烯，共轭二烯能发生聚合反应生成齐聚体膜：

$$CH_3(CH_2)_4-\underset{}{\overset{OH}{\overset{|}{C}H}}-C\equiv CH\xrightarrow[H^+]{Fe}CH_3(CH_2)_4-\overset{OH}{\overset{|}{C}H}-CH=CH_2\longrightarrow$$

（烯醇）

$$CH_3(CH_2)_3CH=CH-CH=CH_2\longrightarrow \text{齐聚体}$$

存在于钢表面上的齐聚体膜是类似于煤油脂一样的黏稠状物质，其中也存在未作用的辛炔醇。由于聚合成膜作用，辛炔醇牢固吸附于钢铁表面，甚至高温和浓盐酸都很难破坏吸附膜。

8）曼尼希（Mannich）碱

在高温（120～210 ℃）、高浓度的条件下，可用曼尼希碱（胺甲基化反应产物，如：甲烷基酮、甲醛与二甲胺的反应产物；苯乙酮、甲醛与环己胺的反应产物或苯乙酮、甲醛与松香胺的反应产物）与炔醇或曼尼希碱、炔醇与含氮化合物复配作缓蚀剂。

2. 土酸及其溶液的配制

土酸用于解除泥浆堵塞和提高泥砂岩地层的渗透性，以利于注水或出油。

浓度为 10%~15% 的盐酸和浓度为 3%~8% 的氢氟酸与添加剂所组成的混合酸液称为土酸或泥酸。

施工时土酸中的盐酸浓度和氢氟酸浓度之比叫土酸配比。例如配比为 7∶6 的土酸，表示土酸中的盐酸浓度为 7%、氢氟酸浓度为 6%。

常规土酸为 10% HCl 和 3% HF。

3. 钢片的处理

钢片的处理，参照中华人民共和国石油天然气行业标准 SY/T 5405—2019《酸化用缓蚀剂性能试验方法及评价指标》中推荐的做法进行，钢片处理要求如下：

____

____

____

____

____

SY/T 5405—2019

【任务实施】

1. 学习分组

学习分组如表 1.7 所示。

表 1.7　学习分组

班级		组名	
组长		指导老师	
组员	日期：		

2. 任务实施流程

步骤一：设计实验方案

静态腐蚀速率采用挂片失重法进行评价，参照中华人民共和国石油天然气行业标准 SY/T 5405—2019《酸化用缓蚀剂性能试验方法及评价指标》中推荐的做法进行。实验步骤设计如下：

____

____

____

____

步骤二：工具准备

仪器：水浴锅、烘箱、游标卡尺、电子天平（$d=0.000\ 1\ g$）、相关玻璃仪器。

药品：氯化钙、氢氧化钠、盐酸、乙醇、丙酮。

步骤三：准备实验材料

实验材料的准备包含仪器设备的预热、材料的处理、各种溶液的配制及用量等内容，学生要能准备实验材料，通过实验材料的准备，使学生理解并熟记仪器的准备、操作及钢片的处理，理解并熟记酸液配制、缓蚀剂溶液配制等相关计算。材料准备表如表 1.8 所示。

表 1.8　材料准备表

<table>
<tr><th colspan="2">实验材料准备</th><th>准备工作</th></tr>
<tr><td rowspan="5">仪器设备</td><td>电子天平</td><td></td></tr>
<tr><td>水浴锅</td><td></td></tr>
<tr><td>玻璃仪器</td><td></td></tr>
<tr><td>钢片处理</td><td></td></tr>
<tr><td>钢片的尺寸</td><td><table>
<tr><th>钢片编号</th><th>长</th><th>宽</th><th>高</th><th>表面积</th></tr>
<tr><td></td><td></td><td></td><td></td><td></td></tr>
<tr><td></td><td></td><td></td><td></td><td></td></tr>
<tr><td></td><td></td><td></td><td></td><td></td></tr>
<tr><td></td><td></td><td></td><td></td><td></td></tr>
<tr><td></td><td></td><td></td><td></td><td></td></tr>
<tr><td></td><td></td><td></td><td></td><td></td></tr>
<tr><td></td><td></td><td></td><td></td><td></td></tr>
<tr><td></td><td></td><td></td><td></td><td></td></tr>
<tr><td></td><td></td><td></td><td></td><td></td></tr>
<tr><td></td><td></td><td></td><td></td><td></td></tr>
</table></td></tr>
</table>

续表

<table>
<tr><th colspan="2">实验材料准备</th><th>准备工作</th></tr>
<tr><td rowspan="2">溶液配制</td><td>酸液配制</td><td>36% 盐酸______mL
40% 氢氟酸______mL
溶剂水______mL</td></tr>
<tr><td>缓蚀剂
溶液配制</td><td>缓蚀剂______mL
溶剂水______mL</td></tr>
</table>

步骤五：实验操作

在实验实施中，学生要合理安排实验内容，有分工、有合作，提高工作效率，包括钢片的悬挂、酸液用量的计算、缓蚀剂溶液的添加、水浴锅的温控等操作，培养细致认真的科学精神和实践精神。

步骤六：实验数据分析

实验结束后按照要求处理钢片，根据实验前后钢片质量变化即可计算缓蚀剂缓蚀率。实验数据（见表 1.9）是化学剂评价的主要依据，学生要懂得分析实验数据，根据实验结果，学生能分析出该缓蚀剂的最佳用量（见图 1.7），确定缓蚀剂的最佳使用条件（见图 1.8）。

表 1.9　实验数据表

试验编号	钢片编号	反应前质量	反应后质量	腐蚀速度	缓蚀率

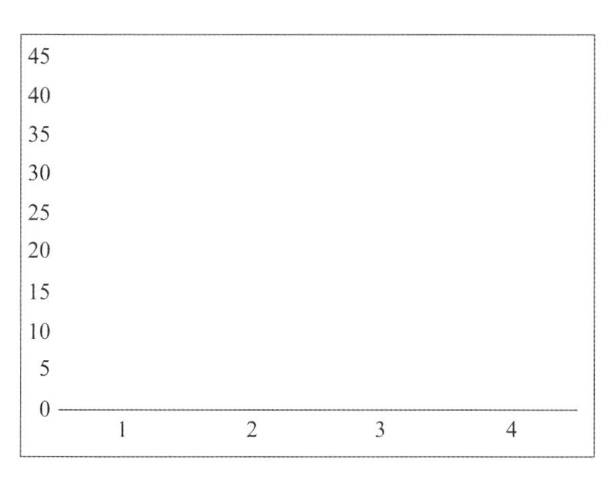

图 1.7　缓蚀剂的最佳用量分析

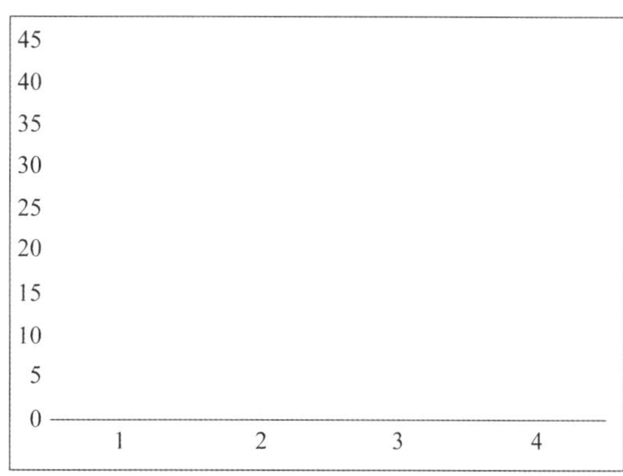

图 1.8　缓蚀剂的最佳使用条件分析

【任务评价】

任务评价表如表 1.10 所示。

表 1.10　任务评价表

小组名称						
组长		组员				
评价内容		分值	自评	互评	教师评价	
组长组织工作（10 分）	1. 能平均、合理地分配任务	3				
	2. 能及时组织小组决策，把握进度	3				
	3. 能做好材料的收集、整理工作	4				
知识学习情况（20 分）	1. 能够正确理解评价缓蚀剂的方法	10				
	2. 能够熟记缓蚀剂评价方法	10				
技能习得情况（20 分）	1. 能够独立、完整地进行缓蚀剂评价操作	10				
	2. 能够独立、完整地进行缓蚀剂评价计算	10				
小组合作情况（20 分）	1. 每个成员都能积极地参与小组活动	5				
	2. 每个成员都有自己明确的任务，并能认真地完成任务	5				
	3. 小组成员间能认真倾听，互助互学	5				
	4. 小组合作氛围愉快，合作效果好	5				
素质能力表现（20 分）	1. 具有克服困难、迎难而上的勇气	5				
	2. 具有精益求精的工匠精神	5				
	3. 具有爱岗敬业的精神	10				

续表

评价内容		分值	自评	互评	教师评价
创新能力（10分）	应用创新思维、创新方法进行创新的能力较强，分析和解决问题的能力较好	10			
总分					
最后得分					

【拓展学习】

1. 查找酸化用缓蚀剂现场使用案例，写出酸化工作液配方，并指出缓蚀剂类型及工作机理。

2. 游标卡尺的使用方法。

（1）学习“游标卡尺的读数方法”，记录其读数规则。

游标卡尺的读数方法

（2）读出下面零件的尺寸。

①如图1.9所示零件直径为________ mm。

②如图1.10所示零件内径为________ mm。

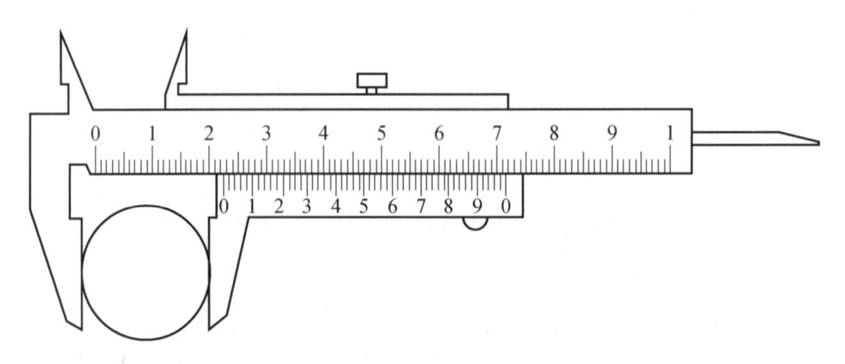

图1.9　零件直径

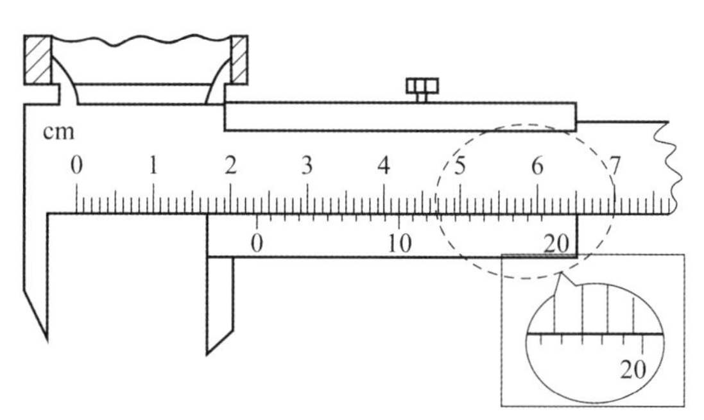

图 1.10　零件内径

3. 写出配制常规土酸溶液 500 mL 的方法。

任务五　测定酸岩反应速度

【任务描述】

某油田在做酸化作业时，为了提高酸化效果，使用了高分子缓速剂。本次任务主要是根据石油天然气行业标准测定酸岩反应速度，并根据实验数据分析高分子缓速剂的缓速机理。

【任务目标】

知识目标

1. 理解并熟记高分子缓速剂的作用机理；
2. 理解并熟记酸岩反应速度测定方法和原理。

能力目标

1. 能够团队合作设计实验步骤并完成实验；
2. 能够独立进行分析和处理。

素养目标

1. 养成善于分析、勇于思考的科学精神；
2. 培养艰苦奋斗的劳动精神。

小贴士：

党的二十大报告强调，推动绿色发展，促进人与自然和谐共生。我们要坚定不移贯彻“资源节约、环境友好”发展理念，加速绿色能源转型的先发优势，用绿色的方式开采油气资源，推动节能瘦身、清洁替代、新能源开发，走稳走好绿色低碳之路。

【案例导入】

2010 年，Abiola 等从芦荟叶子中提取了芦荟提取物，并研究了芦荟提取物缓蚀剂对锌在 2 mol/L 盐酸溶液中腐蚀以及腐蚀动力学的影响，实验结果显示，提取物缓蚀剂的缓蚀效率随其浓度的增大而增加，在加药量为 10% 时，缓蚀效率为 67%。

2010 年，黄艳仙等采用失重法、极化曲线法分别研究浸泡法和加热回流萃取法从白玉兰叶中提取的天然缓蚀剂在 5% 盐酸溶液中对 A3 碳钢的缓蚀性能，并将其缓蚀性能进行了对比。结果显示两种提取方法所得的植物缓蚀剂的缓蚀效果基本相同，浸泡法提取得到的缓蚀剂在用量 3% 时，其缓蚀率为 94.51%，而加热回流萃取法提取得到的缓蚀剂在用量为 3.6% 时，其缓蚀率为 94.91%。

2011 年，李向红等从甜龙竹竹叶中提取了固体缓蚀剂，利用失重法研究了甜龙竹竹叶提取物在1.0 mol/L盐酸溶液中对冷轧钢的缓蚀作用。结果表明，随着甜龙竹竹叶缓蚀剂浓度的增加，缓蚀作用不断增强，当缓蚀剂浓度为50 mg/L时，其缓蚀率为93%，说明甜龙竹竹叶缓蚀剂在1.0 mol/L盐酸溶液中对冷轧钢具有良好的缓蚀作用。

国内外对绿色酸洗缓蚀剂的研究越来越多，成果越来越多，除了从植物中提取外，也可以人工合成出一些具有特定缓蚀官能团的氨基酸衍生物，以提高这类绿色缓蚀剂的缓蚀效率。

学习以上案例，对我们有什么启发？

____

____

____

____

____

【知识储备】

1. 酸液溶蚀率的测定

学习微课“酸液溶蚀率的测定”。

2. 泡沫增加稳定性的措施

酸液溶蚀率的测定

为了增加泡沫稳定性，常加入极少量稳泡剂（碳链较长的极性有机物，如月桂醇），稳泡剂和起泡剂不仅可在表面形成紧密的混合膜，而且还可降低起泡剂的胶团临界形成浓度及降低起泡剂的吸附速度，因而可增加膜的弹性，使泡沫稳定性增加。

常用的消泡方法是加入可溶或不溶的极性有机物，这些物质可在表面上吸附或展开，置换原起泡剂，本身又形不成稳定的液膜，因而有消泡作用。常用消泡剂有短链或支链的醇类（如异戊醇）、磷酸酯类（如磷酸三丁酯）、硅油、含氟极性有机物、环氧乙烷和环氧丙烷的共聚物等。

3. 聚合物的溶解

由于聚合物的相对分子质量大、分子链长的特点，与小分子相比，其溶解的机理、溶解过程、溶液的性质差别非常大。聚合物溶解时，由于聚合物大分子与溶剂的分子尺寸相差比较大，故分子运动速度存在着较大的差别。

溶解时，首先是溶剂分子扩散进入聚合物的外层，并逐渐由外层进入内层，使聚合物的体积增大，这个阶段称为溶胀阶段。溶胀后的聚合物大分子克服分子间作用力，逐渐分散到溶剂中，直到形成均匀的溶液，达到完全溶解。

4. 岩屑处理方法

岩屑的处理，参照中华人民共和国石油天然气行业标准SY/T 5886—2018《酸化工作液性能评价方法》中推荐的做法进行。岩屑的处理要求如下：

SY/T 5886—2018

【任务实施】

1. 学习分组

学习分组如表 1.11 所示。

表 1.11 学习分组

班级		组名	
组长		指导老师	
组员	日期：		

2. 任务实施流程

步骤一：设计实验方案

参照中华人民共和国石油天然气行业标准 SY/T 5886—2018《酸化工作液性能评价方法》中推荐的做法进行。实验步骤设计如下：

步骤二：准备实验材料

实验材料的准备包含仪器设备的预热、材料的处理、各种溶液的配制及用量等内容，学生要能准备实验材料。通过实验材料的准备，使学生理解并熟记仪器的准备、操作及钢片的处理，理解并熟记酸液的配制、缓速剂溶液配制等相关计算。材料准备表如表 1.12 所示。

表 1.12　材料准备表

实验材料准备		准备工作
仪器设备	电子天平	
	水浴锅	
	玻璃仪器	
	岩屑处理	
	筛子	
溶液配制	酸液配制	36% 盐酸________mL 40% 氢氟酸________mL 溶剂水________mL
	缓速剂 溶液配制	缓速剂________mL 溶剂水________mL

步骤三：实验操作

实验实施中，学生要合理安排实验内容，有分工、有合作，提高工作效率，包括岩屑的悬挂、酸液用量的计算、缓速剂溶液的添加、水浴锅的温控等操作，提高细致、认真的科学精神和实践精神。

步骤四：实验数据分析

实验结束后按照要求处理钢片，根据实验前后岩屑的质量变化即可计算缓蚀剂缓蚀率。实验数据（见表 1.13）是化学剂评价的主要依据，学生要懂得分析实验数据，根据实验结果，学生能分析出该缓速剂的最佳用量（见图 1.11），确定缓速剂的最佳使用条件（见图 1.12）。

表 1.13　实验数据表

试验编号	岩屑质量		
	反应前质量	反应后质量	缓速率

续表

试验编号	岩屑质量		
	反应前质量	反应后质量	缓速率

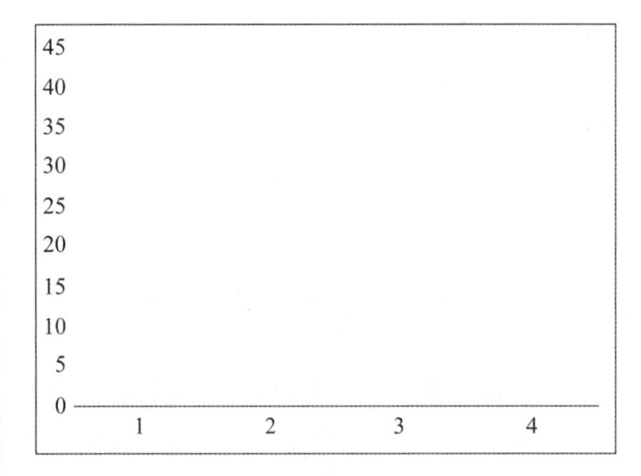

图 1.11　缓速剂的最佳用量分析

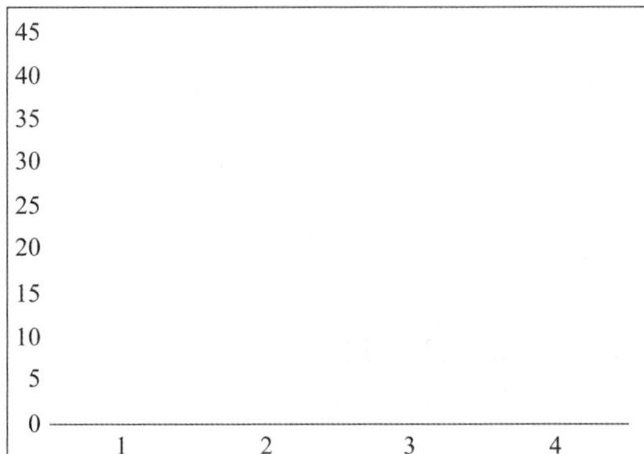

图 1.12　缓速剂的最佳使用条件分析

【任务评价】

任务评价表如表 1.14 所示。

表 1.14　任务评价表

小组名称					
组长		组员			
评价内容		分值	自评	互评	教师评价
组长组织工作（10 分）	1. 能平均、合理地分配任务	3			
	2. 能及时组织小组决策，把握进度	3			
	3. 能做好材料的收集、整理工作	4			
知识学习情况（20 分）	1. 能够正确理解评价缓速剂的方法	10			
	2. 能够熟记评价方法	10			
技能习得情况（20 分）	1. 能够独立、完整进行缓速剂评价操作	10			
	2. 能够独立、完整进行缓速剂评价计算	10			

续表

评价内容		分值	自评	互评	教师评价
小组合作情况（20 分）	1. 每个成员都能积极地参与小组活动	5			
	2. 每个成员都有自己明确的任务，并能认真地完成任务	5			
	3. 小组成员间能认真倾听，互助互学	5			
	4. 小组合作氛围愉快，合作效果好	5			
素质能力表现（20 分）	1. 具有克服困难、迎难而上的勇气	5			
	2. 具有精益求精的工匠精神	5			
	3. 具有爱岗敬业的精神	10			
创新能力（10 分）	应用创新思维、创新方法进行创新的能力较强，分析和解决问题的能力较好	10			
总分					
最后得分					

【拓展学习】

1. 搜集缓速酸应用案例，分析案例酸化工作液，写出酸化工作液配方，并指出缓速剂类型及工作机理。

____

____

____

____

2. 写出配制聚合物型缓速剂溶液 100 mL 的方法。

____

____

____

____

3. 分析聚合物缓速剂的缓速机理。

____

____

____

____

课后练习

一、选择题

1. 常规酸化要求注入压力（　　）破裂压力。

A. 高于　　B. 等于　　C. 高于或等于　　D. 小于

2. 按注入井内液体的作用，酸化液可分为（　　）。

A. 前置液　　B. 处理液　　C. 后置液　　D. 顶替液

3. 对压裂酸化叙述正确的是（　　）。

A. 注酸压力高于油层的破裂压力，将地层压开裂缝

B. 靠酸液不均匀溶蚀裂缝壁成凹凸不平面，增加导流能力

C. 裂缝的导流能力与酸液的溶蚀能力有关

D. 裂缝中不用支撑剂支撑

4. 砂岩油气藏基质酸化中常用的酸液是（　　）。

A. 土酸　　B. 盐酸　　C. 醋酸　　D. 氢氟酸

5. 酸化中顶替液的作用是（　　）。

A. 将井筒中酸液顶入地层中

B. 清洗井筒

C. 增加酸液作用距离

6. 以下哪种酸液添加剂可以延缓岩石反应速度，增大活性酸的有效作用范围。（　　）

A. 缓蚀酸　　B. 稳定剂　　C. 增黏剂　　D. 暂堵剂

7. 提高酸化效果的措施包括（　　）。

A. 降低面容比

B. 使用稠化盐酸、高浓度盐酸和多组分酸

C. 降低井底温度

D. 提高酸液流速

8. 酸压（压裂酸化）中的常用酸液是（　　）。

A. 土酸　　B. 盐酸　　C. 醋酸　　D. 氢氟酸

9. 按工艺不同将酸处理分为（　　）、酸洗和压裂酸化。

A. 常规酸化　　B. 空隙酸化

C. 解堵酸化　　D. 基质酸化

10. 关于酸处理工艺，下列说法正确的是（　　）。

A. 优化选择临井高产而本井低产的井层

B. 酸化工艺一般应用于碳酸盐储层

C. 酸处理后排出残液的方式根据剩余压力大小有自喷或人工排液

D. 对于多产层油井一般采用分层酸化工艺

二、判断题

1. 工业盐酸浓度一般为 40% 左右。（　）
2. 工业氢氟酸日常保存于玻璃瓶中，并注意通风、避光。（　）
3. 注水井酸化后，必须立刻开井注水。（　）
4. 前置液的作用为压裂造缝、降低裂缝表面温度、降低裂缝壁面滤失。（　）
5. 只有腐蚀性而没有毒性的酸是盐酸。（　）

三、思考题

1. 什么是油层酸化？油层酸化的增产原理是什么？
2. 酸化常用的添加剂主要有哪些？各起什么作用？
3. 简述酸化作业的施工工序。
4. 油层出砂给生产带来的危害有哪些？常用的防砂办法有哪些？
5. 碳酸盐岩储层低产的原因主要有哪些？

模块二 压裂施工

任务六 熟悉压裂技术

【任务描述】

某油井需要进行改造从而提高采收率，请根据油井状况判断是否可以实施压裂改造，实施压裂技术的要点有哪些。

【任务目标】

知识目标

1. 理解并熟记压裂作业及其作用机理；
2. 理解并熟记典型地层压裂液体系。

能力目标

1. 能够分析压裂施工作用机理；
2. 能够明确压裂液要求。

素养目标

1. 唤醒学生善于分析、勇于思考的创新意识；
2. 加强学生专业自豪感。

小贴士：

我们要自觉传承中华优秀文化，大力弘扬石油精神和大庆精神，为文化强国贡献石油力量。中华文明具有突出的创新性，作为青年学者，我们将坚定不移地走好创新之路。

【案例导入】

学习歌曲《我为祖国献石油》，从中我们可以得到什么启发？

____

____

____

我为祖国献石油

【知识储备】

压裂概述

1. 压裂概述

学习微课“压裂概述”。

2. 压裂目的

压裂作业的主要目的如下：

（1）设置一条有导流能力的裂缝通道通过近井地带的伤害区，绕过受污染的地区；

（2）延伸裂缝通道，使其有足够的深度，从而提高渗流面积，进入储层来进一步提高产量；

（3）设置这条裂缝通道，致使在储层内的流体流型从径向流变为线性流。

水力压裂主要用于砂岩油气藏，在部分碳酸岩油气藏中也得到成功应用。

3. 压裂液组成

压裂液是压裂工艺技术的一个重要组成部分，其主要功能是造缝并沿张开的裂缝输送支撑剂，因此液体的黏性至关重要。然而，成功的压裂作业还要求液体具备其他的特殊性能，除在裂缝中具有要求的黏度外，还要能够破胶，作业后能够迅速返排，能够很好地控制液体滤失，泵送期间摩阻较低，同时还要经济可行。

针对意欲实施增产改造措施的各类储层在温度、渗透率、岩性、孔隙压力等方面的差异，目前已研制出许多不同类型的液体以适应不同的储层特性。最初的压裂液为油基液；20世纪50年代末，用瓜尔胶增稠的水基液日见普及。1969年，首次使用了交联瓜尔胶液，当时仅有约10%的压裂作业使用的是凝胶油。目前约有65%以上的压裂施工用的是以瓜尔胶或羟丙基瓜尔胶增稠剂的水基凝胶液；凝胶油作业和酸压作业各占约5%；增能气体压裂占20%~15%。此外，添加剂还用于高温增稠、低温破胶或控制液体滤失等。

影响压裂成败的诸多因素中，重要的是压裂液及其性能。用于水力压裂的压裂液性能对压裂起着重要的作用，在压裂施工的各项费用中，压裂液要占1/2或更多，使用恰当性能的压裂液也是提高压裂经济效益的重要途径。

4. 压裂液条件

压裂液必须满足下列条件：

（1）滤失少。这是造长缝、宽缝的主要性能指标。压裂液的滤失性主要取决于它的黏度与造壁性，黏度高，则滤失量降低。

（2）悬浮能力强。悬浮和携带支撑剂到新的裂缝构造中。悬浮支撑剂的能力受压裂液黏度和冻胶强度影响。

（3）摩阻低。可保证较高的设备效率。

（4）热稳定性及剪切稳定性好。在地层温度及较高的剪切速率下，压裂液不发生热降解和剧烈的机械降解，保证黏度不会大幅度下降。

（5）压裂液注入地层后，不会引起地层渗透率能力永久性的伤害，要求压裂液中不溶性物含量少，残渣量低。

（6）与地层和地层流体相配伍，不发生黏土膨胀或产生沉淀而堵塞地层，与地层液体不形成乳状液。

（7）完成压裂施工后，易返排，不引起滞留伤害。

（8）易获得，经济合理，易输送、储存，使用安全。为达到压裂液上述性能指标，通常根据压裂施工设计要求在压裂液中添加各种添加剂，如：控制流体滤失的添加剂和减阻剂、增黏剂、表活剂、黏土防膨剂、杀菌剂等。

5. 压裂液的滤失性

压裂液的滤失性是影响压裂液造缝能力的重要因素。压裂液滤失于地层受三种机理的控制，即压裂液黏度、地层流体的压缩性及压裂液的造壁性。

1）受压裂液黏度控制的滤失系数 C_1

当压裂液的黏度大大超过地层油的黏度时，压裂液的滤失速度主要取决于压裂液的黏度。当高黏牛顿液体的压裂液在恒定的压差下，以层流垂直地滤失于没有压力的多孔介质中时，我们可以导出液体的滤失速度及系数 C_1。

利用达西（Darcy）方程：

$$V = 0.0058 \frac{K\Delta P}{\mu L}$$

式中：V——滤失速度，m/min；

K——地层垂直于滤失方向的渗透率，达西；

ΔP——缝内外的压差，kg/cm^2；

μ——压裂液在缝内流动条件下的视黏度，厘泊；

L——由缝壁向地层内滤失距离，m。

压裂液的实际滤失速度：

$$V_a = 0.0058 \frac{K\Delta P}{\mu\phi L}$$

式中：ϕ——地层孔隙度，小数。

积分求解得出：

$$V = \frac{C_1}{\sqrt{t}}$$

式中：C_1——$C_1 = 0.054\left(\frac{K\Delta P\phi}{\mu}\right)^{\frac{1}{2}}$，由黏度控制的滤失系数，$m/min^{\frac{1}{2}}$；

t——滤失时间，min。

从上式中看到滤失系数 C_1 与地层参数、缝内外压差及液体黏度有关。黏度越大，C_1 值越小，参数值不变时，C_1 值是个常数。而滤失速度却是滤失时间的函数，滤失时间越长，滤失速度越慢。实际上裂缝中各点的流速是不一致的，因此压裂液的黏度（即便不考虑温度的变化）是变化的，此外现在大量使用的非牛顿液体压裂液在使用上式计算 C_1 时，也会有些出入。

2）受地层流体压缩性控制的滤失系数 C_2

当压裂液的黏度接近于地层流体的黏度时，控制压裂液滤失的是地层流体的压缩性。这是因为地层流体受到压缩而让出一部分空间，压裂液才能滤失进来，所以滤失量的多少在很大程度上取决于地层流体（还应当有岩石）的压缩性。滤失速度和地层流体性质有以下关系：

$$V_{X=0}=\frac{C_2}{\sqrt{t}}$$

式中，$C_2=0.043\Delta P\left(\frac{KC_{\mathrm{f}}\phi}{\mu}\right)^{\frac{1}{2}}$。

从上式中可以看出，受地层流体压缩性控制的滤失系数，在一定的地层与流体黏度参数下主要受压力差 ΔP 的控制，也与 C_{f} 有关。C_{f} 指的是综合压缩系数。

3）具有造壁性的压裂液滤失系数 C_3

有的压裂液本身就有造壁性，添加有防滤失剂的压裂液（添加有硅粉、沥青粉等）在缝壁上能生成滤饼，有效地降低滤失速度。这类具有造壁能力的压裂液，它的滤失受滤屏控制。滤失系数是由实验方法测定的。

图 2.1 所示为高温高压静滤失仪。滤筒底下有带孔的筛座，其上有滤纸或岩心片，筒内有压裂液；在恒温下加压，在下口处放一量筒计量滤失量并记录时间。数据处理后得出的滤失曲线如图 2.2 所示，形成滤饼以前，滤失较快；形成滤饼以后，滤失受滤饼的控制，滤失量比较稳定。以 $\overline{V}_{\mathrm{sp}}$ 形成滤饼前的滤失量，称为初滤失量，滤失与时间的曲线可用方程描述：

$$\overline{V}=\overline{V}_{\mathrm{sp}}+m\sqrt{t}$$

式中：$\overline{V}$——总滤失量，mL；

$\overline{V}_{\mathrm{sp}}$——初滤失量，mL；

m——直线斜率，mL/min$^{\frac{1}{2}}$；

t——滤失时间，min。

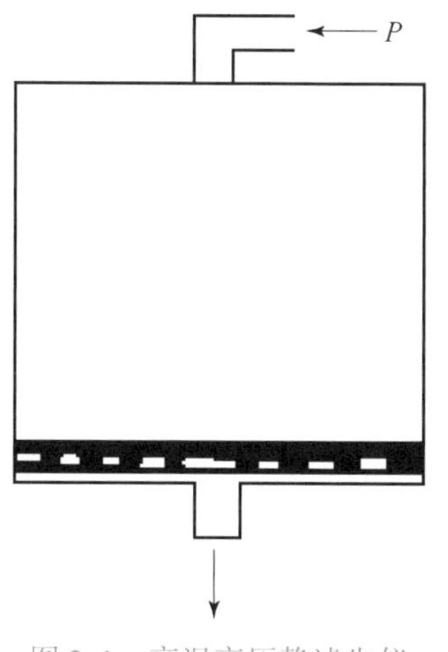

图 2.1　高温高压静滤失仪

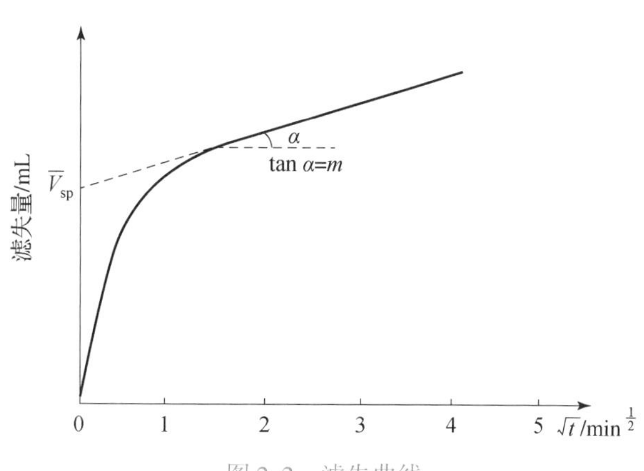

图 2.2　滤失曲线

由上式除以滤纸或岩心断面 A 并对 t 求导，得到滤失速度 V：

$$V=\frac{C'_3}{\sqrt{t}}$$

其中，

$$C'_3=\frac{0.005m}{A}$$

式中：V——滤失速度，m/min；

A——滤纸或岩心薄片面积，cm^2。

若实验压差与缝内外压差不一致，则应进行修正：

$$C_3=C'_3\left(\frac{\Delta P_f}{\Delta P}\right)^{\frac{1}{2}}$$

式中：ΔP_f——缝内外压差，kg/cm^2；

ΔP——实验压差，kg/cm^2。

这种测定 C_3 的方法与裂缝中滤失条件相差较大，为了模拟裂缝中的滤失情况，提出了动滤失仪。在条件基本相同的情况下，分别用动、静滤失仪作出的结果如图 2.3 所示。流动条件下的滤失要比静滤失多一倍，在相同的流速下，携砂液的滤失量比不带砂的压裂液滤失量高 1.5 倍，所以携砂液的动滤失应比静滤失多 2.5 倍。但由于动滤失实验复杂，使用压裂液较多，并且涉及剪切降黏问题，所以在评定压裂液的滤失性时，目前仍采用静滤失作对比参数。

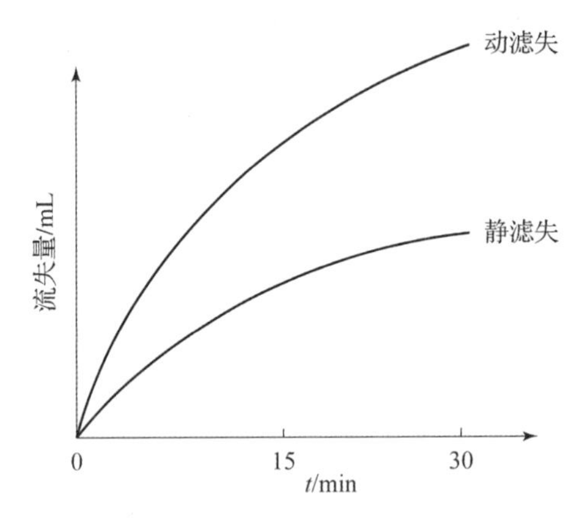

图 2.3　动、静滤失曲线比较

4）综合滤失系数 C

实际上压裂液滤失时，同时受上述三种机理的控制，需要求出综合滤失系数 C。可采用调和平均法来计算，这种算法相当于电工学中串联电容的计算方法：

$$\frac{1}{C}=\frac{1}{C_1}+\frac{1}{C_2}+\frac{1}{C_3}$$

综合滤失系数 C 是压裂设计中的重要参数，也是评价压裂液性能的重要指标。目前比较好的压裂液在油层及缝中流动条件下（温度和剪切速率），综合滤失系数 C 可达 $10^{-4}\ \mathrm{m/min^{\frac{1}{2}}}$ 的水平。

压裂液的滤失性是压裂液的重要性质，它不仅影响到压裂造缝的几何尺寸及压裂液的有效利用程度，并且影响到其对地层的伤害程度及停泵后裂缝的闭合时间，进而影响到缝中支撑剂浓度的变化与支撑剂的分布。仔细考察压裂液从裂缝壁面向地层内部的滤失，大体上有三个滤失区。压裂液由缝内向地层滤失时，它含有的固相即不溶物质的微粒在壁面上形成滤饼。因此经过滤饼向地层渗滤的不是压裂液本身，而是失去了微粒的滤液。这是第一个区域，在滤饼两侧的压降是总压降的一部分 ΔP_3。随后滤液侵入到地层中去，在滤液渗滤到的地方是第二个区域，称之为侵入区。此区域两侧的压降也是总压降的一部分 ΔP_2。第二个区域以外的广大地区（如果是垂直裂缝，则滤失的外边界是无穷大）是第三个区域。在这里的地层流体因滤液的侵入而受到压缩和流动，在此区域中的压降也是总压降的一部分 ΔP_2。因此总压降应是三个分压降之和：

$$\Delta P = \Delta P_1 + \Delta P_2 + \Delta P_3$$

6. 造缝

在地层造缝中，形成裂缝的条件与地应力及其分布，岩石的力学性质，压裂液的性质及注入方式有密切关系。在天然裂缝不发育的地层，压裂裂缝形态（垂直缝或水平缝）取决于其三向应力状态。根据最小主应力原理，水力压裂裂缝总是产生于强度最弱、阻力最小的方向，即岩石破裂面垂直于最小主应力轴的方向，如图 2.4 所示。对于深部地层压裂，一般产生垂直裂缝。

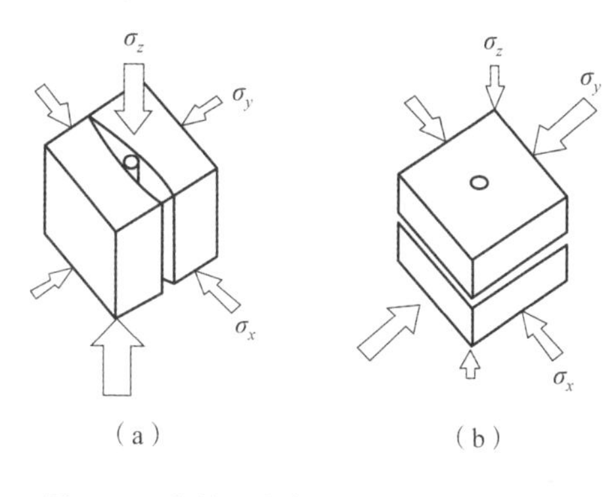

图 2.4 破裂面垂直于最小主应力方向

7. 压裂液对地层和裂缝渗透率的伤害

质量比较好的压裂液，对地层或填砂裂缝的渗透性应当没有什么伤害，但常常由于对地层情况不了解、对压裂液选择不当或用于改善压裂液性质的添加剂针对性不够等，使压裂效果不理想。

压裂液对地层的损害通常由下列原因造成。

1）压裂液与地层岩石及其中的流体不配伍

要研究压裂液对地层岩石、胶结物等固体物质的溶解能力，黏土膨胀的可能性及程度，小颗粒脱落堵塞孔隙的可能性，与地层流体接触后有无不利的反应等，最好用地层岩心在地层条件下估计压裂液对岩心可能的损伤，这些研究应包括：

（1）使用电镜及 X 射线衍射仪确定黏土类型、含量及在孔隙中的分布；

（2）进行薄片岩相分析，以确定颗粒大小、孔隙大小及孔隙中的物质组成；

（3）使用标准液、压裂液进行岩心渗透率实验，对比渗透率变化。

一般情况下，钠盐或钾盐对黏土膨胀起抑制作用，但最好做一下黏土膨胀实验。

2）压裂液在孔隙中的滞流

施工时地层滤失区域如图 2.5 所示。在地渗透率储层，侵入区可能很小或不存在，因为聚合物分子太大，以至于不能进入基质。在这种情况下，由外层滤饼控制流体滤失。在高渗透储层中，由于微粒穿透，故可能引起严重的基质伤。

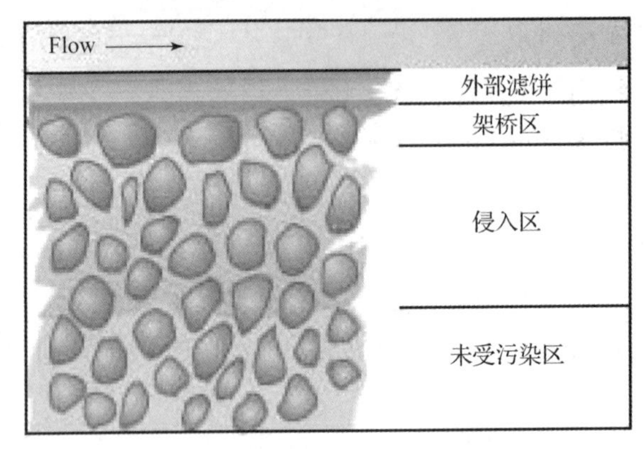

图 2.5　施工时地层滤失区域

3）残渣及其他添加剂的堵塞作用

残渣的来源是基液或成胶物质中的不溶物、防滤失或支撑剂的微粒及由于压裂液对地层岩石的浸泡作用而脱落下来的微粒。这些残渣、微粒对地层渗透率、填砂裂缝的导流能力均会有不同程度的伤害，因此在准备过程中的各个环节都有一定的质量要求。要使用低残渣或无残渣的压裂液，基液、管线、液罐都不能有固体物，支撑剂的粒径范围要严格，并注意交联剂与金属离子的沉淀作用以及防滤失剂的不利作用。

【任务实施】

任务工作单如表 2.1 所示。

表 2.1　任务工作单

任务工作单				
姓名：＿＿＿＿		班级：＿＿＿＿		组号：＿＿＿＿
分组情况				
序号	学号	姓名	角色	职责

续表

工作过程			
序号	工作内容	完成情况	备注
1	分析压裂作用机理		
2	压裂液按照作用可以有几种类型？请说明		
3	分析压裂液性能对压裂作业的影响		
4	压裂液有哪些类型？分别适用于什么情况？请说明		

出现问题	解决办法

【任务评价】

任务评价表如表 2.2 所示。

表 2.2　任务评价表

<table>
<tr><td>小组名称</td><td colspan="6"></td></tr>
<tr><td>组长</td><td></td><td colspan="2">组员</td><td colspan="3"></td></tr>
<tr><td colspan="2">评价内容</td><td>分值</td><td>自评</td><td>互评</td><td>教师评价</td></tr>
<tr><td rowspan="3">组长组织工作（10 分）</td><td>1. 能平均、合理地分配任务</td><td>3</td><td></td><td></td><td></td></tr>
<tr><td>2. 能及时组织小组决策，把握进度</td><td>3</td><td></td><td></td><td></td></tr>
<tr><td>3. 能做好材料的收集、整理工作</td><td>4</td><td></td><td></td><td></td></tr>
<tr><td rowspan="2">知识学习情况（20 分）</td><td>1. 能够正确理解压裂技术</td><td>10</td><td></td><td></td><td></td></tr>
<tr><td>2. 能够熟记压裂液类型</td><td>10</td><td></td><td></td><td></td></tr>
<tr><td rowspan="2">技能习得情况（20 分）</td><td>1. 能够判断压裂技术应用场景</td><td>10</td><td></td><td></td><td></td></tr>
<tr><td>2. 能够判断压裂液质量</td><td>10</td><td></td><td></td><td></td></tr>
<tr><td rowspan="4">小组合作情况（20 分）</td><td>1. 每个成员都能积极地参与小组活动</td><td>5</td><td></td><td></td><td></td></tr>
<tr><td>2. 每个成员都有自己明确的任务，并能认真地完成任务</td><td>5</td><td></td><td></td><td></td></tr>
<tr><td>3. 小组成员间能认真倾听，互助互学</td><td>5</td><td></td><td></td><td></td></tr>
<tr><td>4. 小组合作氛围愉快，合作效果好</td><td>5</td><td></td><td></td><td></td></tr>
<tr><td rowspan="3">素质能力表现（20 分）</td><td>1. 具有克服困难、迎难而上的勇气</td><td>5</td><td></td><td></td><td></td></tr>
<tr><td>2. 具有精益求精的工匠精神</td><td>5</td><td></td><td></td><td></td></tr>
<tr><td>3. 具有爱岗敬业的精神</td><td>10</td><td></td><td></td><td></td></tr>
<tr><td>创新能力（10 分）</td><td>应用创新思维、创新方法进行创新的能力较强，分析和解决问题的能力较好</td><td>10</td><td></td><td></td><td></td></tr>
<tr><td colspan="3">总分</td><td></td><td></td><td></td></tr>
<tr><td colspan="3">最后得分</td><td colspan="3"></td></tr>
</table>

【拓展学习】

1. 分析压裂液滤失性对压裂效果的影响。

____

____

2. 不同压裂液对其性能有什么要求？

任务七　选择压裂液（上）

【任务描述】

压裂液是指由多种添加剂按一定配比形成的非均质不稳定的化学体系，是对油气层进行压裂改造时使用的工作液，它的主要作用是将地面设备形成的高压传递到地层中，使地层破裂，形成裂缝并沿裂缝输送支撑剂，某压裂现场需要根据压裂施工单配制压裂液，请按照标准完成压裂液的选择和配制。

【任务目标】

知识目标

1. 理解并熟记水基压裂液及其分类、特点；
2. 理解并熟记水基压裂液稠化剂及其作用机理。

能力目标

1. 能够根据现场需求选择合适的压裂液；
2. 能够分析延迟交联技术延迟交联机理。

素养目标

1. 培养学生自信心，用于探索，促进科学技术发展；
2. 加强学生专业自信。

小贴士：

党的二十大报告强调“必须坚持科技是第一生产力、人才是第一资源、创新是第一动力”。我们始终坚持高质量发展建立在科技进步和创新驱动的基础之上，攻克关键核心技术、培养创新人才，用绿色的方式开采油气资源，用心呵护祖国的绿水青山。

【案例导入】

2022 年 6 月 13 日，长庆油田在陕北油区开展的一口石油评价井技术攻关试验，经过连续 25 天的奋战，顺利完工。综合数据显示，实施光缆布设深度 3 611 m，水平段长 1 100 m，高效完成 23 段压裂作业，实时光纤监测表明，滑套封隔良好，实现精准改造。

至此，国内首创融合套管外光纤监测技术和可开关固井滑套技术压裂的中国石油首口水平井攻关试验取得重要突破，为上游企业开发水平井全生命周期的可视化实时监测，以及智能化调控提供了重要技术参考依据和引领作用。

地处鄂尔多斯盆地陕北地区的页岩油分布范围广，资源量大。随着时间的推移，长期以来受上部叠合的注水开发区的影响，其储层有效动用和效益开发存在诸多难点，加之在压裂改造中的裂缝容易与多年注水开发的上部层系沟通串联，导致裂缝性水淹，且水平井出水层段无有效实时监测手段，故水平井找水和堵水周期长、难度大已成为制约高效油藏评价的技术瓶颈。

【知识储备】

水基压裂液

1. 水基压裂液

学习微课“水基压裂液”。

2. 水基压裂液及其类型

水基压裂液采用的稠化剂主要是三种水溶性聚合物，由此可将水基压裂液分为以下三类：天然植物胶压裂液，包含如瓜尔胶及其衍生物羟丙基瓜尔胶、羟丙基羧甲基瓜尔胶、延迟水化羟丙基瓜尔胶、田箐及其衍生物、甘露聚葡萄糖胶；纤维素衍生物压裂液，包含如羧甲基纤维素、羟乙基纤维素、羧甲基－羟乙基纤维素等；合成聚合物压裂液，包含如聚丙烯酰胺、部分水解聚丙烯酰胺、甲叉基聚丙烯酰胺及其共聚物、生物聚合物黄原胶等。这几种高分子聚合物在水中溶胀成溶胶，交联后形成黏度极高的冻胶，具有黏度高、悬砂能力强、滤失低、摩阻低等优点。

1）天然植物胶压裂液

植物胶的主要成分是多糖天然高分子化合物即半乳甘露聚糖。不同植物胶的高分子链中半乳糖支链与甘露糖主链的比例不同。其特点是高分子链上含有多个羟基，吸附能力很强，容易吸附在固体或岩石表面形成高分子溶剂化水膜。

（1）瓜尔胶及其衍生物。

瓜尔胶，产自瓜尔豆的胚乳，如图 2.6 所示。瓜尔豆是一种甘露糖和半乳糖组成的长链聚合物，它主要生长在印度和巴基斯坦，美国西南部也有生产。瓜尔胶对水有很强的亲和力。当将瓜尔胶粉末加入水中，瓜尔胶的微粒便会“溶胀、水合”，也就是聚合物分子与许多水分子形成缔合体，然后在溶液中展开、伸长。在水基体系中，由于聚合物线团的相互作用，故产生了黏稠溶液。瓜尔胶是天然产物，通常加工中不能将不溶于水的植物成分完全分离开，水不溶物通常为 20%～25%，加量为 0.4%～0.7%。

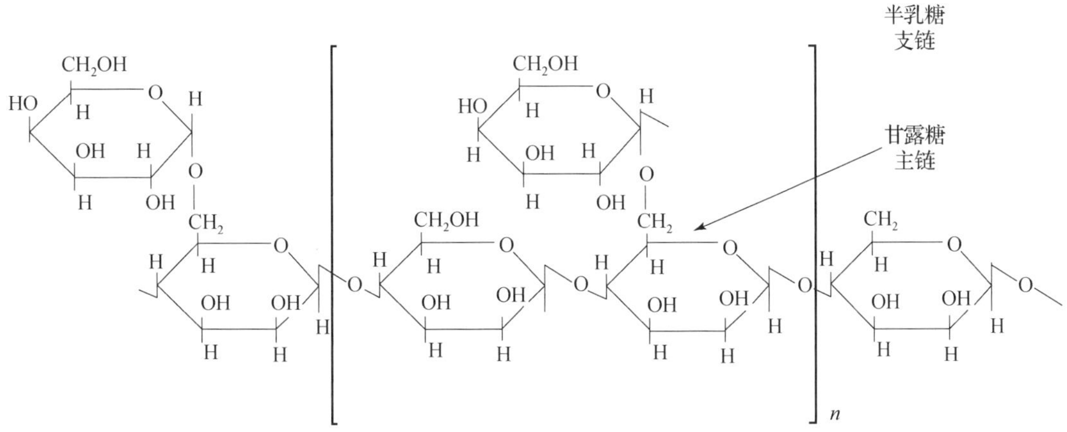

图 2.6　瓜尔胶重复单元结构

未改性的瓜尔胶在 80 ℃下可保持良好的稳定性，但由于残渣含量较高，故易造成支撑裂缝堵塞。

羟丙基瓜尔胶（HPG）是瓜尔胶用环氧丙烷改性后的产物，即将—O—CH_2—CHOH—CH_3（HP 基）置换于某些—OH 位置上。由于再加工及洗涤除去了聚合物中的植物纤维，因此 HPG 一般仅含 2%~4% 的不溶性残渣，一般认为 HPG 对地层和支撑剂充填层的伤害较小。由于 HP 基的取代，使 HPG 具有好的温度稳定性和较强的耐生物降解性能。HPG 单元结构如图 2.7 所示。

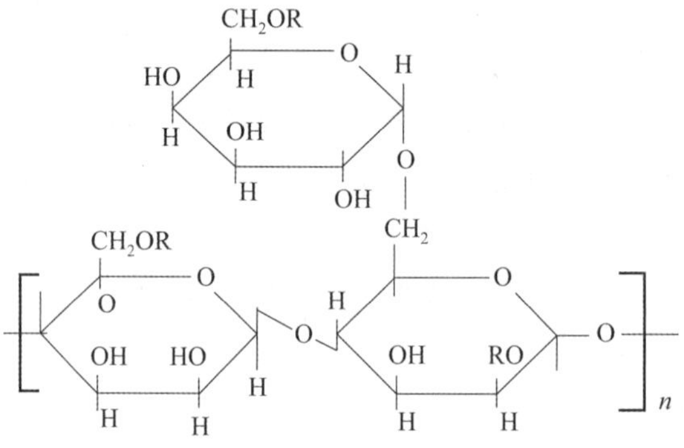

图 2.7　HPG 单元结构

（2）田菁胶及其衍生物。

田菁胶来自草本植物田菁豆的内胚乳，将胚乳从种子中分离出来粉碎，便制成田菁粉。胚乳占种子质量的 30%~33%。田菁胶属半乳甘露糖植物胶，分子中半乳糖和甘露糖的比例为 1:1.6~1.8。由于聚糖中含有较多的半乳糖侧链，故在常温下易溶于水；可与交联剂反应形成冻胶，在现场使用时非常方便；其分子量约为 2.0×10^5。

田菁胶对水有很强的亲和力，当粉末加入水中时，田菁胶的微粒便“溶胀、水合”，也就是聚合物分子与许多水分子形成缔合体，然后在溶液中展开、伸长，从而引起溶液黏度增加。田菁胶是用天然田菁豆加工而成的植物胶，它的水不溶物含量很高，一般为 27%~35%，因此对地层及支撑剂充填层的伤害很大。田菁胶单元结构如图 2.8 所示。

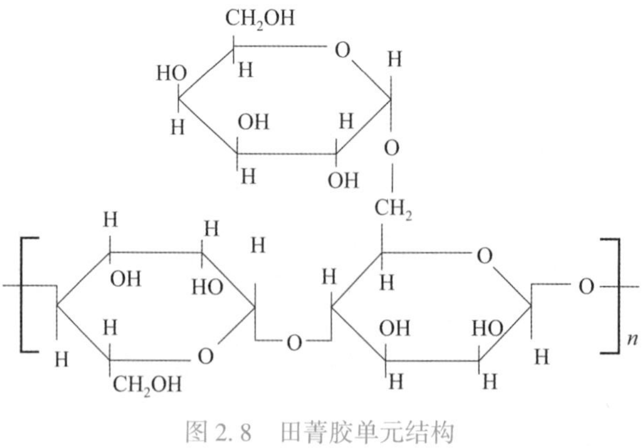

图 2.8　田菁胶单元结构

田菁冻胶的黏度高、悬砂能力强且摩阻小，其摩阻比清水低 20%~40%。其缺点是滤失性和热稳定性以及残渣含量等方面不太理想。为了克服上述缺点，对田菁胶进行化学改性，制取了羧甲基田菁胶和羧甲基-羟乙基田菁胶。

羧甲基田菁胶制备反应如图 2.9 所示。

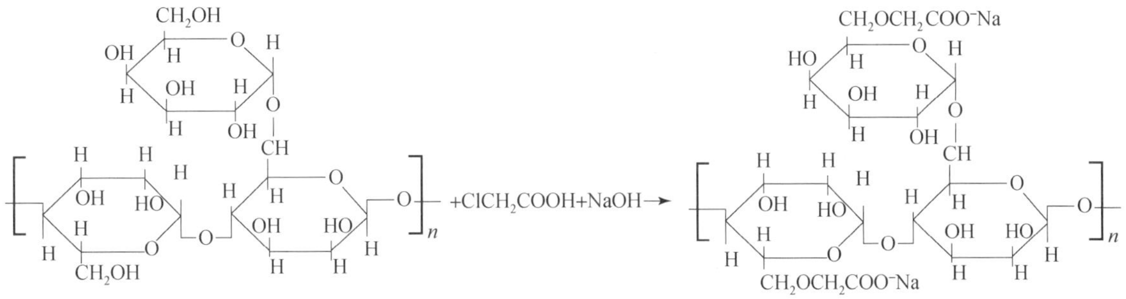

图 2.9　羧甲基田菁胶制备反应

羧甲基田菁胶为聚电解质，与高价金属离子如 Ti^{4+}、Cr^{3+} 交联形成空间网络结构的水基冻胶。

羧甲基田菁水基冻胶与田菁冻胶比较有下列优点：

①残渣含量低，约为田菁胶的 1/3 左右；

②热稳定性好，在 80 ℃下，其表观黏度比田菁胶压裂液大一倍以上；

③酸性交联对地层污染小，而且有抑制黏土膨胀的作用。

为进一步提高增稠能力和改善交联条件，在此基础上开发出羟乙基田菁胶、羟丙基田菁胶、羧甲基-羟乙基田菁胶和羧甲基-羟丙基田菁胶。

羟乙基田菁胶或羟丙基田菁胶是田菁粉在酸性条件下与醚化剂——氯乙醇或环氧丙烷反应而得，如图 2.10 所示。

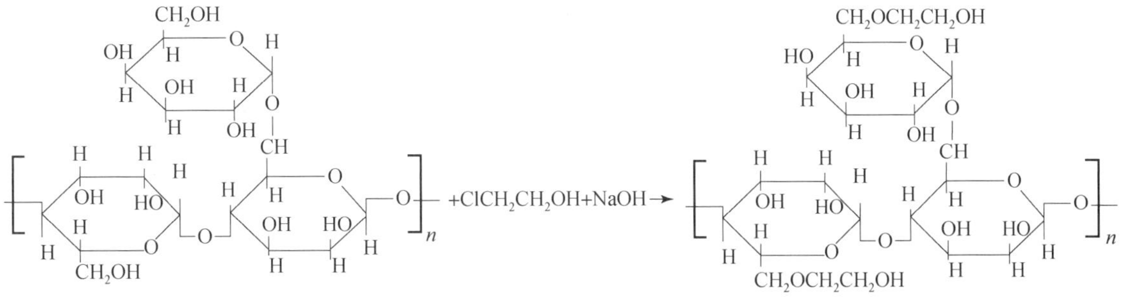

图 2.10　田菁粉与醚化剂反应

羧甲基-羟丙基田菁胶是田菁粉在酸性条件下与主醚化剂氯乙酸和副醚化剂环氧丙烷反应生成的产物，反应是聚糖羟基的氢原子被羧甲基—CH_2COO^-、羟丙基—$CH(CH_3)CH_2OH$ 或—$CH_2CH(CH_3)OH$ 取代。以上几种田菁胶衍生物的性能如表 2.3 所示。

在田菁胶的衍生物中，以羧甲基田菁胶的水溶性最好、残渣最少，但其增稠能力还不够理想，从综合性能考虑以羧甲基-羟丙基田菁胶最好。

表 2.3 田菁衍生物性能

田菁衍生物	黏度/(mPa·s) 30 ℃，20 g/L，511 s^{-1}	水不溶物 质量分数（$\times 10^2$）	特性黏数 [η]/($mL \cdot g^{-1}$)
田菁胶	308.5	33.4	378
羧甲基田菁胶	47.0（20 ℃）	1.9	520
羟乙基田菁胶	571.1（20 ℃）	28.7	620
羟丙基田菁胶	568.8	13.7	404
羧甲基－羟乙基田菁胶	694.0	3.4	516
羧甲基－羟丙基田菁胶	699.0	7.9	1 020

（3）魔芋胶。

魔芋胶是用多年生草本植物魔芋的根茎经磨粉、碱性水溶液中浸泡及沉淀去渣将胶液干燥制成的。魔芋胶水溶物含量68.20%，主要是长链中非离子型多羟基的葡萄甘露聚糖高分子化合物，其中葡萄单糖具邻位反式羟基，甘露糖具邻位顺式羟基；分子量约为 68×10^4，聚合度为1 000左右。魔芋胶分子中引入亲水基团后可以改善其水溶性，降低残渣。

由改性魔芋胶配制的水基压裂液具有增稠能力强、滤失少、热稳定性好、耐剪切、摩阻低而且盐容性好、残渣含量低等许多优点。它的主要缺点是在水中溶解速度慢，现场配液难，这是未能大规模推广使用的主要原因。

20世纪80年代，四川、华北油田研究与应用了魔芋胶压裂液，其组成为：0.5%改性魔芋胶+0.15%有机钛或硼砂+0.012% pH值控制剂+0.25%甲醛+2.5% KCl+2.5% AS（烷基磺酸钠）+0.0015%过硫酸钾。

（4）香豆胶。

香豆又名葫芦巴、香草、苦巴，是豆科葫芦巴，属一年生园栽植物，在我国安徽、江苏、河北、新疆、内蒙古、黑龙江等地皆可种植。香豆种子由种皮、胚乳、子叶三部分组成，种子的胚乳即为香豆胶，胚乳中约60%的成分为半乳甘露聚糖。继田菁胶之后而出现的香豆胶最早是由石油勘探开发科学研究院开发的，其不溶物含量比未改性瓜尔胶原粉低，与羟丙基瓜尔胶接近，水溶液稳定性和减阻性良好。香豆胶一般不需改性可直接使用，性能比改性品易于控制。用无机硼酸盐交联的香豆胶压裂液常可用于30～60 ℃的地层，用有机硼交联则可用于60～120 ℃的地层，20世纪90年代中期开发的一种GCL锆硼复合交联剂可使其耐受温度达到140 ℃。从20世纪90年代以来，香豆胶已在大庆、吉林、玉门、塔里木、吐哈等各大油田得到了推广使用，现场评价结果表明香豆胶压裂液具有低摩阻、易破胶、低伤害、经济实用的优点，目前在国内已成为最主要的压裂液增稠剂品种之一，年用量达1 000 t以上，且呈逐年上升趋势。

我国天然植物胶资源丰富，除上述常用的几种外，尚有香豆子胶、决明子胶、龙胶、皂仁胶、槐豆胶、海藻胶等，它们的改性产品均可用于水基压裂液。

由于压裂液滤失到地层中将造成稠化剂在裂缝中浓缩，促使稠化剂浓度过高，即使经历了相当长时间的破胶降解，压裂液仍具有很高的黏度，从而造成地层伤害。室内试验得出的结果是，对于0.6%浓度的HPG硼冻胶压裂液，当浓度浓缩到3.6%时，保留渗透率只有原来的10%左右。要想解除这种伤害，只有依靠加大破胶剂用量来实现。

2）纤维素衍生物压裂液

纤维素是一种非离子型聚多糖。纤维素大分子链上的众多羟基之间的氢键作用使纤维素在水中仅能溶胀而不溶解。当在纤维素大分子中引入羧甲基、羟乙基或羧甲基-羟乙基时，其水溶性得到改善。

纤维素的衍生物羧甲基纤维素（CMC）、羟乙基纤维素（HEC）、羟丙基纤维素（HPC）和羧甲基-羟乙基纤维素（CMHEC）均可用于水基压裂液。

（1）羧甲基纤维素（CMC）冻胶压裂液。

CMC冻胶是以纤维素为原料在碱性条件下与氯乙酸反应而得到的，CMC再与多价金属交联而成CMC冻胶。CMC的结构如图2.11所示。

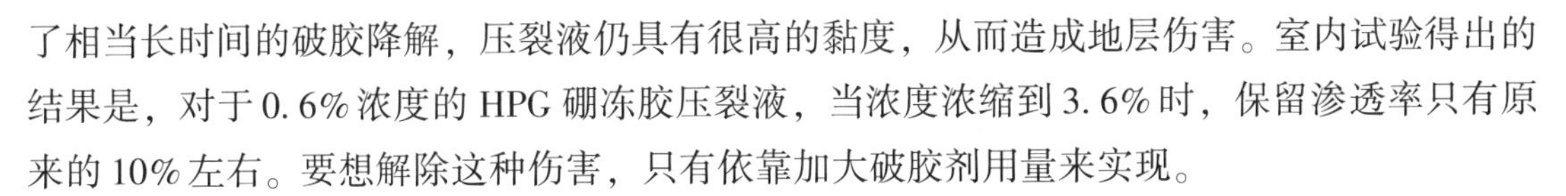

图2.11 CMC的结构

碱化：$$ROH + NaOH \longrightarrow RONa + H_2O$$

醚化：$$RONa + ClCH_2COONa \longrightarrow ROCH_2COONa + NaCl$$

CMC冻胶热稳定性较好，可用于140 ℃井下施工；其剪切稳定性和滤失性能良好，常用于高温深井压裂。其主要问题是摩阻偏高，不能满足大型压裂施工要求。表2.4列出了CMC压裂液的主要性能。

表2.4 CMC压裂液的主要性能

性能	剪切性/(mPa·s)					
	$27\ s^{-1}$		$437\ s^{-1}$		$1\ 312\ s^{-1}$	
	30 ℃	60 ℃	30 ℃	60 ℃	30 ℃	60 ℃
指标	186	105	162.1	14.3	83.1	10.8
性能	耐温性/(mPa·s)					残渣/%
	30 ℃	60 ℃	50 ℃	70 ℃	80 ℃	
指标	586.2	384.7	242.7	233.6	141.9	5~10

（2）羟乙基纤维素（HEC）、羟丙基纤维素（HPC）

HEC 或 HPC 是纤维素在碱性条件下与环氧乙烷或环氧丙烷反应的产物。与 CMC 相比，其有更好的盐溶性，但水溶性增稠能力不如 CMC，是优良的水基压裂液。HEC 的结构如图 2. 12 所示。

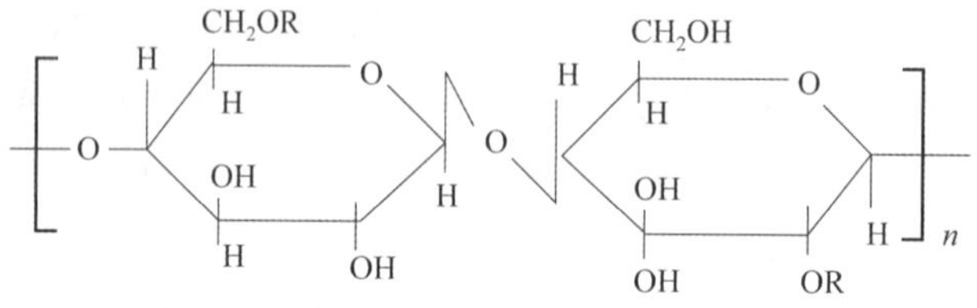

图 2. 12　HEC 的结构

（3）羧甲基－羟乙基纤维素（CMHEC）。

CMHEC 是纤维素在碱性条件下，依次用环氧乙烷和氯乙酸处理而得到的另一种改性产物。与 CMC、HEC 相比，它兼有两者的优点，即增稠能力强、悬砂性好、低滤失、残渣少和热稳定性高，是一种颇受欢迎的水基压裂液。CMHEC 的结构如图 2. 13 所示。

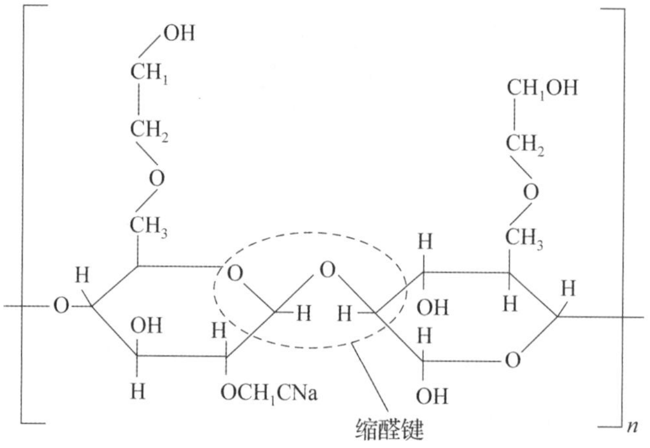

图 2. 13　CMHEC 的结构

（4）变性淀粉（CMS）。

变性淀粉在我国已有多年的发展，有着广阔的发展前景。1987 年由山东大学开发出油田用 CMS。CMS 比 CMC 更均匀细腻，吸水及膨胀性强，尤其是水溶液的稳定性优于 CMC。其缺点是耐盐性差，与多价金属离子盐会生成沉淀。另外当 pH 值小于 6 或大于 9 时黏度下降快。高取代度的 CMS 性能较好，但国内至今产量很少，由此制约了它的发展与应用。周亚军等对玉米变性淀粉用作压裂液稠化剂进行了研究，发现它具有成本低、无污染的优点，可与香豆胶复配成压裂液稠化剂。CMS 所存在的缺点仍然是增稠能力差，易降解，难于交联，耐剪切和稳定性差，不能单一使用。天然淀粉是多糖的长链葡萄糖分子，含有 20%～30% 的线性直链淀粉分子和 70%～80% 的支链淀粉分子，是以微粒的形式从一些植物的细胞中提取出来的，其结构如图 2. 14 所示。

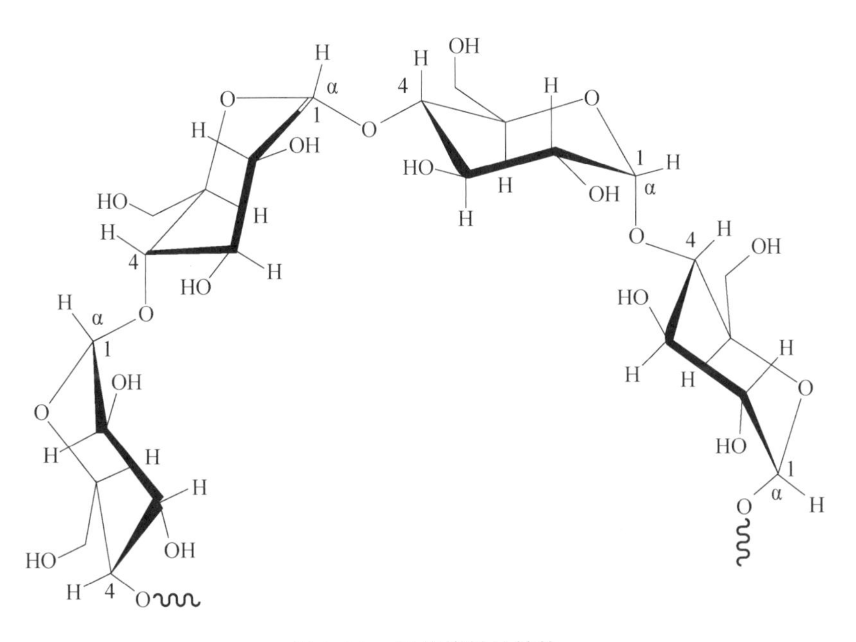

图 2.14　天然淀粉的结构

（5）微生物多糖。

目前用于石油开采的微生物多糖主要是黄原胶。我国对的黄原胶研究开始于 20 世纪 70 年代，它是以玉米淀粉为原料经黄胞杆菌发酵后而制得的微生物胞外多糖，虽然是一种离子性多糖，但是却有很强的抗盐能力，是各行业中最典型和重要的耐盐性增稠剂。它的增稠能力较好，耐温、耐酸碱，悬浮性和乳化性能良好，可以与其他合成或天然增稠剂如瓜尔胶、槐豆胶、魔芋胶等配伍使用，能显著提高后者溶液的黏度。但黄原胶自身作为压裂增稠剂，耐剪切性较差、交联性不理想、破胶困难等，再加上它在各种增稠剂中生产成本是最高的，因此未能广泛用于水力压裂施工，而在调剖堵水方面有较广应用。黄原胶的结构如图 2.15 所示。

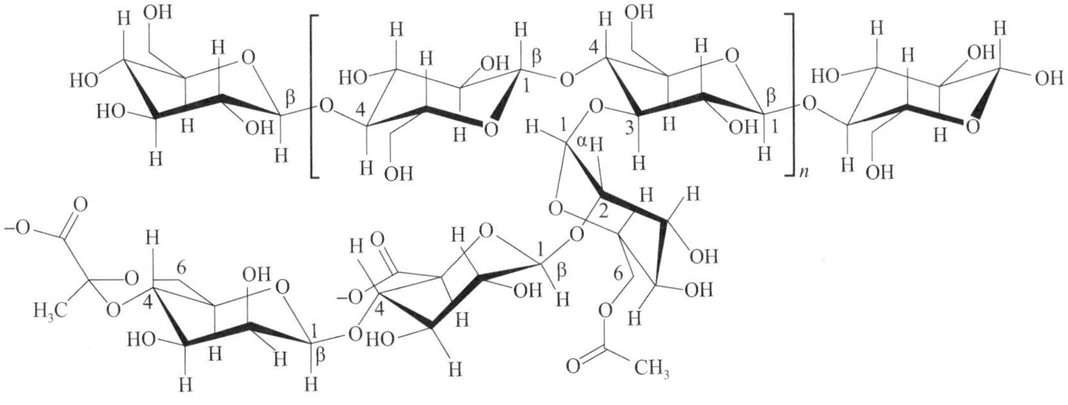

图 2.15　黄原胶的结构

3）合成聚合物压裂液

目前压裂液稠化剂仍以天然植物胶为主。存在的主要问题是植物胶压裂液破胶后往往产生残渣较多，这将会对低渗透油层造成伤害，使压裂效果受到影响。此外，植物胶、纤维素等天然高分子材料高温稳定性不够理想，不能适应高温深部地层的压裂，所以研制开发出一系列合成聚合物压裂液。与天然高分子材料相比，它具有更好的黏温特性和高温稳定性，且增稠能力强、对细菌不敏感、冻胶稳定性好、悬砂能力强、无残渣、对地层不造成伤害。

通常用于水基压裂液的聚合物有聚丙烯酰胺（PAM）、部分水解聚丙烯酰胺（HPAM）、丙烯酰胺－丙烯酸共聚物、甲叉基聚丙烯酰胺或者是丙烯酰胺－甲叉基二丙烯酰胺共聚物等。这些聚合物与瓜尔胶、田菁胶、纤维素的衍生物不同，它们不是天然生长的，而是由人工合成的，可通过采用控制合成条件的办法调整聚合物的性能来满足压裂液性能指标。

合成聚合物压裂液主要是部分水解羟甲基甲叉基聚丙烯酰胺水基冻胶压裂液。长庆油田研究和应用了从低温油层 40 ℃至高温油层 150 ℃使用的 CF－6 压裂液，它就是部分水解羟甲基甲叉基聚丙烯酰胺水基冻胶压裂液。该压裂液在地层温度 90 ℃以下泵注 2 h，表观黏度不低于 50 mPa·s，对油层基质损害率小于 20%。

N,N′－甲叉基二丙烯酰胺合成反应如图 2.16 所示。

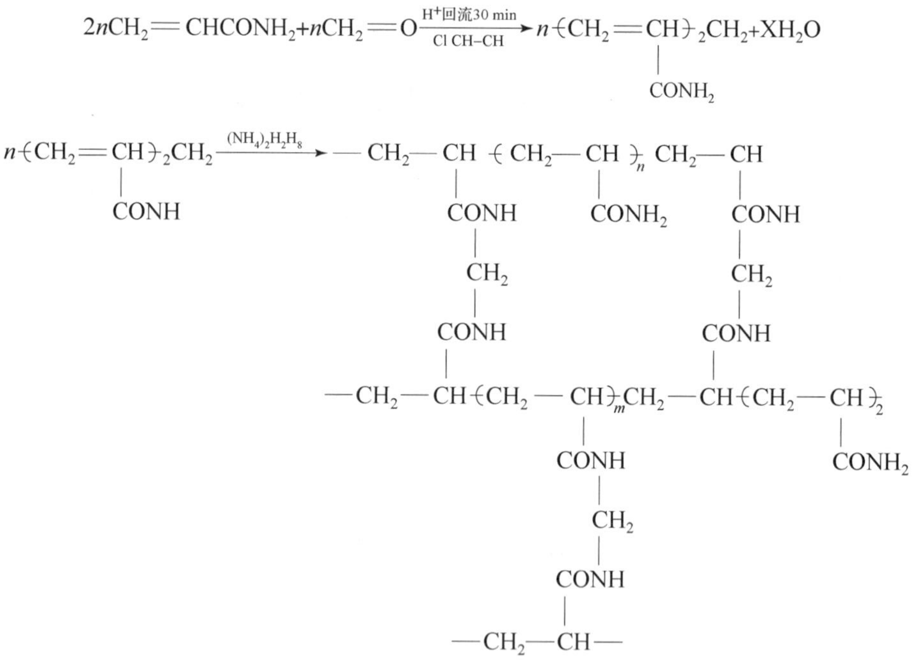

$$2nCH_2{=}CHCONH_2 + nCH_2{=}O \xrightarrow[\text{Cl CH–CH}]{H^+\text{回流}30\ \text{min}} n\text{(}CH_2{=}\underset{\substack{|\\CONH_2}}{CH}\text{)}_2CH_2 + XH_2O$$

$$n\text{(}CH_2{=}\underset{\substack{|\\CONH}}{CH}\text{)}_2CH_2 \xrightarrow{(NH_4)_2H_2H_8} —CH_2—\underset{\substack{|\\CONH\\|\\CH_2\\|\\CONH\\|}}{CH}\text{(}CH_2—\underset{\substack{|\\CONH_2}}{CH}\text{)}_n CH_2—\underset{\substack{|\\CONH\\|\\CH_2\\|\\CONH\\|}}{CH}$$

$$—CH_2—CH\text{(}CH_2—\underset{\substack{|\\CONH\\|\\CH_2\\|\\CONH\\|\\—CH_2—CH—}}{CH}\text{)}_m CH_2—CH\text{(}CH_2—\underset{\substack{|\\CONH_2}}{CH}\text{)}_2$$

图 2.16　N,N′－甲叉基二丙烯酰胺合成反应

疏水改性聚丙烯酰胺（HMPAM）较 HPAM 冻胶有更高的增稠能力。例如质量分数为 0.24% 的疏水改性聚丙烯酰胺（HMPAM）冻胶黏度无论是在 70 ℃还是在 90 ℃下均与质量分数为 0.32% 的 HPAM 相当。

三种水基压裂液性能比较如表 2.5 所示。

表 2.5　三种水基压裂液性能比较

性能	天然植物胶压裂液	纤维素衍生物压裂液	合成聚合物压裂液
相对分子质量/万	20~30	20~30	100~800
用量/%	0.4~1.0	0.4~0.6	0.4~0.8
摩阻	小	大	最小
交联剂	硼、钛、锆、铬、铝等离子	铝、铬、铜、钛等离子	铝、铬、铁等离子
抗剪切性	好	好	差
耐温性	好	好	好
残渣/%	2~25	0.5~3	无渣
配伍性	与盐配伍	要求矿化度 <300 mg/L	与盐不配伍
滤失性	小	较小	大
使用温度/℃	30~150	35~150	60~150

3. 冻胶压裂液

交联反应是金属或金属络合物交联剂将聚合物的各种分子联结成一种结构，使原来的聚合物分子量明显地增加。通过化学键或配位键与稠化剂发生交联反应的试剂称为交联剂。

自从 20 世纪 50 年代开始采用无机硼作为压裂液交联剂以来，先后出现了钡、铬、铝、锰、锑交联冻胶压裂液，20 世纪 70 年代早期又研制了钛基冻胶压裂液，20 世纪 80 年代中期兴起了锆交联压裂液并逐步取代钛得到推广应用。20 世纪 80 年代后期，大量实验研究发现，有机金属交联压裂液存在破胶困难，会对支撑裂缝导流能力造成伤害等问题，故硼冻胶压裂液又成为当今压裂液研究发展的主要方向之一。而无机硼常遇到配液困难、基液黏度过高、压裂液成胶速度快、摩阻高、易减切降解等困难，使压裂液性能受到影响，增加了施工成本。同时，随着高温深层油气的开发，对压裂液的耐温性和延缓交联性能又提出了更高的要求。

4. 延缓交联

可以通过以下三种方法实现延缓交联。

1）交联活化剂控制（pH 调节剂控制）

一种典型的延缓交联压裂液体系，是将半乳干露糖（Guar 和 HPG）与硼交联剂以固体粉末形式混合，然后悬浮在煤油或柴油中，通过交联活化剂调节 pH 值。而国外最初对于延迟交联的研究集中于 pH 值调节体系，即通过碱的缓慢溶解来达到延缓的目的，例如 MgO 通常作为释放 OH^- 的来源：

$$MgO + H_2O \rightleftharpoons Mg^{2+} + 2OH^-$$

但在高温下，有以下反应发生：

$$Mg^{2+} + 2HO^- \xrightarrow{150\,^\circ F} Mg(OH)_2 \downarrow$$

因此在 150℉以上生成的 OH^- 又被消耗，限制了其 pH 值调节能力，形成的冻胶稳定性下降。为了提高该交联活化剂控制体系的耐温性能，必须在 Mg^{2+} 形成 $Mg(OH)_2$ 之前将其除去。通常采用的 Mg^{2+} 除去剂有 KF、NH_4F 等，而对于海水配制的压裂液体系来说，NH_4F 比 KF 更为有效，因为 NH_4F 有一定的缓冲能力。

2）活性交联物种释放控制

可以通过钠硼解石或硬硼酸钙石的缓慢溶解达到延缓交联的目的，延缓时间长短取决于含硼交联剂的溶解能力，但很难控制，适用温度低于 110 ℃。这种交联体系还存在另外两个问题：一是硼酸盐在缓慢释放过程中，微粒周围会包裹一层聚多糖，阻碍了硼酸盐的快速释放，结果导致整个体系交联不均匀；二是为了使整个体系都能交联，往往加入过量的硼酸盐，最终导致局部或整个压裂液体系过交联，产生脱水。

另外，以碱金属、稀土金属硼酸盐或它们的混合物的悬浮液作为交联剂，硼酸盐矿物通常悬浮在柴油中，在聚合物水溶液中缓慢溶解，悬浮液逐渐变稀并消耗，以释放出硼酸根离子来交联聚合物溶液。

3）有机硼延缓交联剂

为了改善硼酸酯的水解稳定性，可以在硼酸酯的结构中引入具有未共用电子对的氮原子（如三乙醇胺等）、氧原子（如多元醇等）等，硼原子可以通过自身的空轨道与之形成分子内的配位，大大减慢硼酸酯的水解速度，从而控制含硼活性交联物种的释放，有机硼延迟交联剂就是基于这种机理研制成功的。硼酸能与多种含多元羟基、醛基、羧基化合物以及多元醇胺、EDTA 等络合形成有机硼交联剂。

5. 水基冻胶压裂液交联条件

水基冻胶压裂液交联条件如表 2.6 所示。

表 2.6　水基冻胶压裂液交联条件

稠化剂中可交联基团	典型聚合物	交联剂	交联条件
$—CONH_2$	HPAM PAM	醛、二醛 六亚甲基四胺	酸性交联
—COO—	HPAM CMC CMGM XC	$AlCl_2$、$CrCl_3$、 $K_2Cr_2O_2 + Na_2SO_3$、 $ZrOCl_2$、$TiCl_6$	酸性交联或 中性交联
邻位顺式羟基	GM CMGM HPGM PVA	硼酸、四硼酸钠、 五硼酸钠 有机硼 有机锆、有机钛	碱性交联

【任务实施】

任务工作单如表 2.7 所示。

表 2.7　任务工作单

<table>
<tr><th colspan="5">任务工作单</th></tr>
<tr><td colspan="2">姓名：</td><td colspan="2">班级：</td><td>组号：</td></tr>
<tr><td colspan="5">分组情况</td></tr>
<tr><td>序号</td><td>学号</td><td>姓名</td><td>角色</td><td>职责</td></tr>
<tr><td></td><td></td><td></td><td></td><td></td></tr>
<tr><td></td><td></td><td></td><td></td><td></td></tr>
<tr><td></td><td></td><td></td><td></td><td></td></tr>
<tr><td></td><td></td><td></td><td></td><td></td></tr>
<tr><td></td><td></td><td></td><td></td><td></td></tr>
<tr><td></td><td></td><td></td><td></td><td></td></tr>
<tr><td colspan="5">工作过程</td></tr>
<tr><td>序号</td><td>工作内容</td><td colspan="2">完成情况</td><td>备注</td></tr>
<tr><td>1</td><td>水基压裂液根据什么分类？可分为哪几类？请说明</td><td colspan="2"></td><td></td></tr>
<tr><td>2</td><td>水基压裂液常用的稠化剂有哪些？分别有什么特点？请说明</td><td colspan="2"></td><td></td></tr>
<tr><td>3</td><td>水基冻胶压裂液如何交联？聚合物和交联剂有什么关系？请说明</td><td colspan="2"></td><td></td></tr>
</table>

续表

工作过程			
序号	工作内容	完成情况	备注
4	水包油压裂液由哪几部分组成？具有什么特点？请说明		
出现问题		解决办法	

【任务评价】

任务评价表如表 2.8 所示。

表 2.8 任务评价表

小组名称					
组长		组员			
评价内容		分值	自评	互评	教师评价
组长组织工作（10 分）	1. 能平均、合理地分配任务	3			
	2. 能及时组织小组决策，把握进度	3			
	3. 能做好材料的收集、整理工作	4			
知识学习情况（20 分）	1. 能够正确理解水基压裂液组成	10			
	2. 能够熟记稠化剂的类型	10			
技能习得情况（20 分）	1. 能够判断压裂技术的应用场景	10			
	2. 能够判断压裂液质量	10			
小组合作情况（20 分）	1. 每个成员都能积极地参与小组活动	5			
	2. 每个成员都有自己明确的任务，并能认真地完成任务	5			
	3. 小组成员间能认真倾听，互助互学	5			
	4. 小组合作氛围愉快，合作效果好	5			

续表

评价内容		分值	自评	互评	教师评价
素质能力表现（20分）	1. 具有克服困难、迎难而上的勇气	5			
	2. 具有精益求精的工匠精神	5			
	3. 具有爱岗敬业的精神	10			
创新能力（10分）	应用创新思维、创新方法进行创新的能力较强，分析和解决问题的能力较好	10			
总分					
最后得分					

【拓展学习】

1. 学习“压裂常识”，写出你认为最应该知道的两个。

压裂常识

2. 写出配制冻胶压裂液 500 mL 的方法。

3. 分析三种水基压裂液性能，完成表 2.9。

表 2.9　不同水基压裂液性能分析

性能	天然植物胶压裂液	纤维素衍生物压裂液	合成聚合物压裂液
相对分子质量/万			
用量/%			
摩阻			
交联剂			
抗剪切性			

续表

性能	天然植物胶压裂液	纤维素衍生物压裂液	合成聚合物压裂液
耐温性			
残渣/%			
配伍性			
滤失性			
使用温度/℃			

任务八　选择压裂液（下）

【任务描述】

某压裂现场需要配制压裂液，请按照压裂要求选择合适的压裂液并进行配制。

【任务目标】

知识目标

1. 理解并熟记油基压裂液及其分类和特点；
2. 理解并熟记油基压裂液稠化剂及其作用机理。

能力目标

1. 能够根据现场需求选择合适的油基压裂液；
2. 能够分析油基压裂液稠化剂及其作用机理。

素养目标

1. 养成学生的自我认知能力、独立思考能力；
2. 养成学生自我担当和团队合作精神。

小贴士：

党的二十大报告中强调“必须坚持系统观念。万事万物是相互联系、相互依存的。”因此，我们在认识问题、分析问题的过程中，不能片面地只看问题本身，而是要从全局出发，找出与问题相关联的各种因素。

【案例导入】

阅读“压裂事故”，分析事故原因，从案例中我们可以学习些什么？

____

____

____

____

压裂事故

【知识储备】

1. 油基压裂液

学习微课“油基压裂液”。

油基压裂液

2. 油基压裂液稠化剂

油基压裂液将稠化剂溶于油中配制而成。常用的稠化剂有以下两类。

1）油溶性活性剂

常用的油溶性活性剂主要是脂肪酸盐（皂），即：

$$\mathrm{R{-}\overset{\overset{\displaystyle O}{\|}}{C}{-}O}\quad \mathrm{NaR{-}\overset{\overset{\displaystyle O}{\|}}{C}{-}O}\quad \mathrm{CaR\overset{\overset{\displaystyle O}{\|}}{C}{-}O}\quad \mathrm{Al(OH)_2(R\overset{\overset{\displaystyle O}{\|}}{C}{-}O)_2Al(OH)}$$

其中脂肪酸根的碳原子数必须大于8，加量为0.5%～1.0%（wt）。

另一类是铝磷酸酯盐，即：

$$\mathrm{HO_nAl({-}O{-}\underset{\underset{\displaystyle OR}{|}}{\overset{\overset{\displaystyle O}{\|}}{P}}{-}OR)_m}$$

其中：R、R′是烃基，$m=1\sim3$，$n=2\sim0$，$m+n=3$，加量0.6%～1.2%（wt）。

目前普遍采用的是铝磷酸酯与碱的反应产物，这类稠化剂在油中形成“缔合”，将油稠化。

2）油溶性高分子

这类物质当浓度超过一定数值时，即可在油中形成网络结构，使油稠化，主要有聚丁二烯、聚异丁烯、聚异戊二烯、α－烯烃聚合物、聚烷基苯乙烯、氢化聚环戊二烯、聚丙烯酸酯等。

3. 发泡剂和稳定剂加量的选择

1）发泡剂加量的选择

随着发泡剂加量的增大，溶液的表面张力下降，在发泡剂的浓度达到临界胶束浓度之前下降幅度很大，当大于临界胶束浓度之后，下降幅度减小。

与溶液表面张力的情况相反，当泡沫质量不变时，泡沫黏度随发泡剂浓度增大而增大。但其变化规律与表面张力有相似之处，即在临界胶束浓度之前泡沫黏度增加快，而在大于临界胶束浓度之后，泡沫黏度上升慢。

其兼顾泡沫体系的发泡能力和泡沫稳定性，发泡剂的加量一般以稍大于临界胶束浓度为最佳。

2）稳定剂加量的选择

稳定剂除改善泡沫稳定性外，还影响体系的发泡能力。当稳定剂加量过高时，虽然其稳泡效果好，但却使体系的发泡能力下降。因此，确定稳定剂加量时应根据施工条件，在满足泡沫体系稳定性的前提下尽量少加稳定剂。

4. 清洁压裂液

清洁压裂液（VES）是一种黏弹性流体压裂液，其黏度是通过表面活性剂胶束的相互缠绕而形成的，主要成分包括长链的表面活性剂（VES）、胶束促进剂（SYN）和盐（KCl）。目前国内外广泛使用的是第一代VES压裂液，主要是阳离子型季铵盐表面活性剂，它们是

CTAB（十六烷基三甲基溴化铵）、Schlumberger 的 JB508 型表面活性剂和孪生双季铵盐类表面活性剂。

VES 压裂液黏度低，但依靠流体的结构黏度，能有效地输送支撑剂，同时能降低摩阻力。与传统聚合物压裂液（包括天然的胍胶，田青胶，黄原胶，半天然的 HPG，HEC，全人工的可交联聚丙烯酰胺，低分子量的国内也自称是清洁压裂液）相比，该压裂液配制简单，不需要交联剂（理论上没有可在砂体中形成聚合物堵塞的可能）、破胶剂和其他化学添加剂，因此，几乎无地层伤害并能使充填层保持良好的导流能力。

清洁压裂液适用于低温浅井、低渗透、水敏储层压裂施工。所选的储层油气储量要丰富，能量要充足。在压裂选井选层时，要有针对性，以便获得最大的经济效益。

VES 胶束的形成和相互缠绕是表面活性剂分子之间和表面活性剂聚集体之间的行为，表现为 VES 清洁压裂液的表观黏度不随时间变化以及通过高剪切后体系的黏度又能得到恢复。而植物胶压裂液不耐剪切，分子链的断开会使植物胶的黏度永久地丧失。表 2.10 给出了 60 ℃下某清洁压裂液的剪切性能。图 2.17 所示为清洁压裂液的流变曲线，其黏性模量和弹性模量存在一交叉点。

表 2.10　60 ℃下某清洁压裂液的剪切性能

剪切速率/(s^{-1})	黏度/(mPa·s)	剪切速率/(s^{-1})	黏度/(mPa·s)	剪切速率/(s^{-1})	黏度/(mPa·s)
10	315	200	56	800	35
50	230	500	45	1 000	30
100	106	600	40		

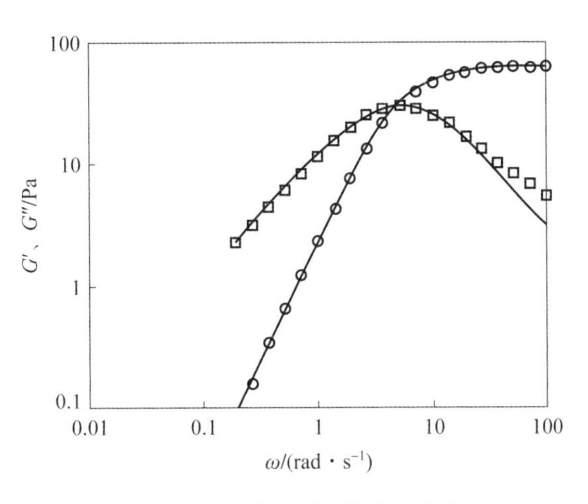

图 2.17　清洁压裂液的流变曲线

2）携砂性能

传统的支撑剂输送要求压裂液在剪切速率为 170 s^{-1}时黏度应为 50 mPa·s，剪切速率为 100 s^{-1}时黏度应为 100 mPa·s。此原则对黏弹性表面活性剂压裂液不一定适用。在大规模的压裂模拟器上进行输砂实验，结果认为黏弹性表面活性剂在剪切速率为 100 s^{-1}、溶液黏度为 30 mPa·s 时都能有效输送支撑剂，这主要是由于黏弹性表面活性剂压裂液具有黏弹性。黏弹性清洁压裂液的流变性特征更像牛顿流体，在一定的剪切速率下视其黏度不随时间而变化。但黏弹性清洁压裂液具有剪切恢复性，当处于高剪切条件下，液体的黏度不会永久降解；处于低剪切条件下，液体的黏弹性又得到了恢复。这些特征使得黏弹性表面活性剂液体输送支撑剂的原则与普通植物胶的原则不同。不同压裂液的携砂黏度如表 2.11 所示。

表 2.11　不同压裂液的携砂黏度

剪切速率/(s^{-1})	清洁压裂液携砂黏度/(mPa·s)	瓜尔胶压裂液携砂黏度/(mPa·s)
10	30	100
170	<30	50

3）破胶性能

VES 清洁压裂液破胶机理如下：

（1）被地层水稀释。当该清洁压裂液被水稀释至一定浓度后，体系的黏弹性就丧失。

（2）与烃（油、气）接触。产出的原油、凝析油或气态烃影响液体中带电环境，破坏杆状胶束的状态，降低杆状胶束的浓度，使胶束从杆状变成球状，直至多数 VES 分子溶于烃中而失去黏度。

4）滤失性能

VES 清洁压裂液与瓜尔胶压裂液不同，它不因滤失进地层形成滤饼，其滤失速率基本不随时间变化。聚合物压裂液的低黏度水相进入地层后，在裂缝面形成滤饼，而 VES 清洁压裂液不形成滤饼，同时 VES 清洁压裂液的黏弹性液体很难进入孔隙喉道。在高渗透地层里，VES 清洁压裂液必须与降滤失剂配合才能显著提高压裂液的使用效率。60 ℃时，不同压裂液滤失量与时间的关系如图 2.18 所示，可以看出，清洁压裂液的滤失速度几乎不变，且比瓜尔胶压裂液的滤失量少。

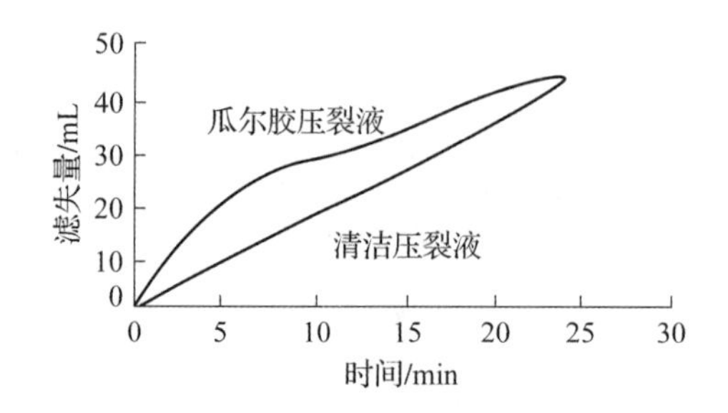

图 2.18　60 ℃时不同压裂液滤失量与时间的关系

【任务实施】

任务工作单如表 2.12 所示。

表 2.12　任务工作单

<table>
<tr><th colspan="6">任务工作单</th></tr>
<tr><td colspan="2">姓名：________</td><td colspan="2">班级：________</td><td colspan="2">组号：________</td></tr>
<tr><td colspan="6">分组情况</td></tr>
<tr><td>序号</td><td>学号</td><td>姓名</td><td colspan="2">角色</td><td>职责</td></tr>
<tr><td></td><td></td><td></td><td colspan="2"></td><td></td></tr>
<tr><td></td><td></td><td></td><td colspan="2"></td><td></td></tr>
<tr><td></td><td></td><td></td><td colspan="2"></td><td></td></tr>
<tr><td></td><td></td><td></td><td colspan="2"></td><td></td></tr>
<tr><td></td><td></td><td></td><td colspan="2"></td><td></td></tr>
<tr><td></td><td></td><td></td><td colspan="2"></td><td></td></tr>
<tr><td colspan="6">工作过程</td></tr>
<tr><td>序号</td><td>工作内容</td><td colspan="3">完成情况</td><td>备注</td></tr>
<tr><td>1</td><td>油基压裂液根据什么分类？可分为哪几类？请说明</td><td colspan="3"></td><td></td></tr>
<tr><td>2</td><td>油基压裂液常用的稠化剂有哪些？分别有什么特点？请说明</td><td colspan="3"></td><td></td></tr>
</table>

续表

工作过程			
序号	工作内容	完成情况	备注
3	乳化压裂液由哪几部分组成？具有什么特点？请说明		
4	泡沫压裂液由哪几部分组成？具有什么特点？请说明		
5	黏弹性表面活性剂压裂液由哪几部分组成？具有什么特点？请说明		

出现问题	解决办法

【任务评价】

任务评价表如表 2.13 所示。

表 2.13 任务评价表

小组名称						
组长		组员				
评价内容			分值	自评	互评	教师评价
组长组织工作（10 分）	1. 能平均、合理地分配任务		3			
	2. 能及时组织小组决策，把握进度		3			
	3. 能做好材料的收集、整理工作		4			
知识学习情况（20 分）	1. 熟记油基压裂液组成		10			
	2. 熟记其他类型压裂液类型		10			
技能习得情况（20 分）	1. 能够区分、判断各种压裂液的应用场景		10			
	2. 能够合理选择各种压裂液		10			
小组合作情况（20 分）	1. 每个成员都能积极地参与小组活动		5			
	2. 每个成员都有自己明确的任务，并能认真地完成任务		5			
	3. 小组成员间能认真倾听，互助互学		5			
	4. 小组合作氛围愉快，合作效果好		5			
素质能力表现（20 分）	1. 具有克服困难、迎难而上的勇气		5			
	2. 具有精益求精的工匠精神		5			
	3. 具有爱岗敬业的精神		10			
创新能力（10 分）	应用创新思维、创新方法进行创新的能力较强，分析和解决问题的能力较好		10			
总分						
最后得分						

【拓展学习】

Q HTC 062—2017

1. 学习企业标准 Q HTC 062—2017《压裂用高温清洁压裂液季铵盐 VES》，写出压裂用高温清洁压裂液季铵盐 VES 的性能评价指标及标准。

____

____

2. 分析案例事故原因，总结安全生产经验。

3. 分析油基压裂液三种稠化剂的区别，完成表 2. 14。

表 2. 14 油基压裂液稠化剂的区别

性能	稠化剂 1	稠化剂 2	稠化剂 3
相对分子质量/万			
用量/%			
摩阻			
交联剂			
抗剪切性			
耐温性			
残渣/%			
配伍性			
滤失性			
使用温度/℃			

任务九　选择压裂液添加剂

【任务描述】

某压裂现场需要配制压裂液，请按照压裂要求选择合适的压裂液添加剂进行配制，并说明选择的原因。

【案例导入】

阅读《酸化压裂施工规范》，从案例中我们可以学习些什么？

____

____

____

酸化压裂施工规范

【任务目标】

知识目标

1. 理解并熟记压裂液添加剂及其特点；
2. 理解并熟记压裂液添加剂的筛选和评价。

能力目标

1. 能够分析压裂液添加剂的作用机理；
2. 能够根据现场需求选择合适的添加剂。

素养目标

1. 提高善于分析、勇于思考的创新意识；
2. 加强学生专业自信。

小贴士：

解决油气核心需求是我们面临的重要任务，要加大勘探开发力度，夯实国内产量基础，加快能源科技自主创新步伐，走好生态优先、绿色低碳的高质量发展道路。

【知识储备】

1. 压裂液添加剂

学习微课“压裂液添加剂”上、下。

“压裂液添加剂”上、下

2. 杀菌剂

1）重金属盐类杀菌剂

重金属盐类离子带正电荷，易与带负电荷的菌体蛋白质结合，使蛋白质变性，有较强的杀菌作用，如：

$$蛋白质—SH + Hg^{2+} \longrightarrow 蛋白质—S—Hg—S—蛋白质$$

铜盐（硫酸铜）可以使细菌蛋白质分子变性，还可以和蛋白质分子结合，阻碍菌体的吸收作用。

2）有机化合物类杀菌剂

酚、醇、醛等是常用的杀菌剂。如甲醛有还原作用，能与菌体蛋白质的氨基结合，使菌体变性，如：

$$R—NH_2 + CH_2O \longrightarrow R—NH_2 \cdot CH_2O$$

3）氧化剂类杀菌剂

高锰酸钾、过氧化氢、过氧乙酸等能使菌体酶蛋白质中的巯基氧化成—S—S—基，使酶失效，如：

$$2R—SH + 2X \longrightarrow R—S—S—R + 2XH$$

4）阳离子表面活性剂类杀菌剂

新洁尔灭（1227）高度稀释时能抑制细菌生长，浓度高时有杀菌作用。它能吸附在菌体的细胞膜表面，使细胞膜损害。

碱性阳离子与菌体羧基或磷酸基作用，形成弱电离的化合物，妨碍菌体正常代谢，扰乱菌体氧化还原作用，阻碍芽孢的形成，如：

$$P—COOH + B^{+} \longrightarrow P—COOB + H^{+}$$

应注意的是，阳离子表面活性剂能使油气层岩石转变成油润湿，使油的相对渗透率平均降低40%左右，因此，除注水井外，最好不要使用阳离子表面活性剂类杀菌剂。

3. 降滤剂

降滤剂有两大类：一类是固体无机物硅粉和颗粒碳酸钙；另一类是柴油、石蜡、树脂和非离子型表面活性剂等液体物质。较常用的是硅粉、柴油及液体非离子型表面活性剂。硅粉一般用于高渗透地层，缺点是易堵塞孔隙，引起渗透率降低，只能加入前置液或部分加砂液中。柴油加入交联水基冻胶中对降低滤失是很有效的，可用于气层。5%柴油完全混合分散在95%水相交联的高黏度冻胶中，它是一种很好的降滤失剂。5%柴油降低水基压裂液滤失的机理有：两相流动阻止效应、毛细管阻力效应和贾敏效应产生的阻力。液体非离子型表面活性剂能防止低渗透地层的滤失，适合于气井使用，使用上限温度为82 ℃。近几年研究了新的无伤害颗粒淀粉降滤剂，以含30%~50%改性淀粉和天然淀粉小组合物最为有效。它不影响硼、钛、锆的交联和冻胶性能，在其分解之前有足够的时间完成压裂作用；在井底条件下极易降解为可溶物而被带出，不会残留地层而引起伤害。羟基乙酸缩聚产品（HAA）主要为三聚物，是一种新的可降解的降滤剂，具有降滤和破胶双功能作用。它为易碎结晶固

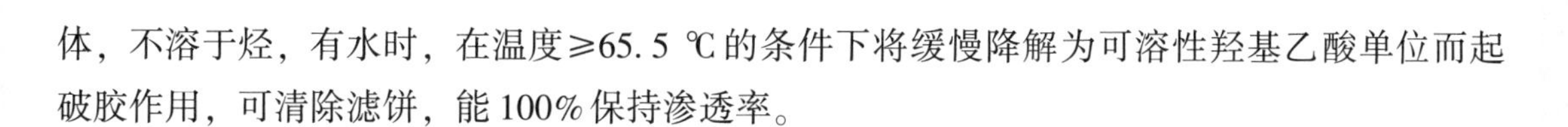

体，不溶于烃，有水时，在温度≥65.5 ℃的条件下将缓慢降解为可溶性羟基乙酸单位而起破胶作用，可清除滤饼，能100%保持渗透率。

【任务实施】

任务工作单如表2.15所示。

表2.15　任务工作单

任务工作单				
姓名：________		班级：________		组号：________
分组情况				
序号	学号	姓名	角色	职责
工作过程				
序号	工作内容	完成情况		备注
1	压裂用支撑剂有哪些要求？如何选择？请说明			
2	分析压裂用杀菌剂有哪几类？分别通过什么机理起杀菌作用？请说明			
3	压裂中为什么要使用黏土防膨剂？可以用哪些化学剂抑制黏土膨胀？请说明			

续表

工作过程			
序号	工作内容	完成情况	备注
4	压裂中为什么用温度稳定剂？请说明		
出现问题		解决办法	

【任务评价】

任务评价表如表 2.16 所示。

表 2.16　任务评价表

小组名称					
组长		组员			
评价内容		分值	自评	互评	教师评价
组长组织工作（10 分）	1. 能平均、合理地分配任务	3			
	2. 能及时组织小组决策，把握进度	3			
	3. 能做好材料的收集、整理工作	4			
知识学习情况（20 分）	1. 熟记压裂液各种添加剂	10			
	2. 熟记各种添加剂的用途	10			
技能习得情况（20 分）	1. 能够区分、判断各种添加剂的应用场景	10			
	2. 能够合理选择各种压裂液添加剂	10			

续表

评价内容		分值	自评	互评	教师评价
小组合作情况（20 分）	1. 每个成员都能积极地参与小组活动	5			
	2. 每个成员都有自己明确的任务，并能认真地完成任务	5			
	3. 小组成员间能认真倾听，互助互学	5			
	4. 小组合作氛围愉快，合作效果好	5			
素质能力表现（20 分）	1. 具有克服困难、迎难而上的勇气	5			
	2. 具有精益求精的工匠精神	5			
	3. 具有爱岗敬业的精神	10			
创新能力（10 分）	应用创新思维、创新方法进行创新的能力较强，分析和解决问题的能力较好	10			
总分					
最后得分					

【拓展学习】

1. 学习中国石油天然气股份有限公司企业标准 Q_SYCQ 17474—2019《水基压裂液通用添加剂技术条件》，写出添加剂技术条件。

Q_SYCQ 17474—2019

2. 列举生活中常用的杀菌剂，分析杀菌机理。

任务十　测定支撑剂性能

【任务描述】

某油田在进行压裂作业时，需要评价支撑剂的性能，主要是考察支撑剂的硬度、粒径等性质，根据标准评价方法进行评价，并完成评价表格的设计。

【任务目标】

知识目标

理解并熟记支撑剂的评价方法和原理。

能力目标

1. 能够团队合作设计实验步骤并完成实验；
2. 能够独立进行相关仪器操作。

素养目标

1. 养成学生勇于实践的科学精神；
2. 养成学生自我担当和团队合作精神。

小贴士：

文化自信是一个国家、一个民族发展中最基本、最持久的力量。作为一名石油人，我们一定要把石油文化、石油精神发扬下去，并且要坚持守正创新，坚定文化自强，构建新时代先进石油文化。

【案例导入】

阅读“一种用于植物胶压裂液用延迟交联剂A剂体和B剂体的制备方法及其应用”。分析专例中的延迟交联技术，我们应该如何保护自己的脑力劳动成果？

____

____

____

____

____

延迟交联剂A剂体和B剂体的制备方法及其应用

【知识储备】

1. 支撑剂评价方法

学习中华人民共和国石油天然气行业标准SY/T 5108—2014《水力压裂和砾石充填作业

用支撑剂性能测试方法》和中石油 QSY 125—2007《压裂支撑剂性能指标及评价测试方法》，写出压裂用支撑剂性能评价指标及检测方法。

中石油 QSY 125—2007《压裂支撑剂性能指标及评价测试方法》

https://www.doc88.com/p-66516110135068.html

____

____

____

____

SY/T 5108—2014　QSY 125—2007

2. 支撑剂影响裂缝导流能力的因素

支撑剂用于支撑张开的裂缝，以便在停泵和压裂液滤失后形成一条通往井筒的导流通道。在裂缝内铺置适宜浓度的支撑剂和选择适宜的支撑剂类型是保证水力压裂作业成功的关键。影响裂缝导流能力的因素如下：

（1）支撑剂的组分；

（2）支撑剂的物理性能；

（3）支撑剂充填层的渗透率；

（4）闭合后裂缝内聚合物浓度的影响；

（5）地层中细小微粒在裂缝中移动支撑剂的长期破碎性能。

3. 支撑剂分类

1）石英砂

砂子是最常用的支撑剂，既经济又方便，而且当闭合应力小于6 000 psi[①] 时，通常可提供足够的裂缝导流能力。砂子的相对密度约为2.65。

2）树脂涂层支撑剂

树脂涂层技术用于砂子，可改善支撑剂的强度并减少开采期间支撑剂回流。树脂有助于增加砂粒承受应力的面积，从而降低某一点的负荷。树脂涂层砂的相对密度大约为2.25，它又分为可固化支撑剂和预固化支撑剂。

3）烧结陶粒（低密度）和烧结铝矾土（中等密度）支撑剂

含有大量刚玉的烧结铝矾土是高强度支撑剂，常用于闭合应力大于10 000 psi 的条件下，高强度支撑剂的费用最高，相对密度为3.4或更大。

4. 筛子目数与孔径

筛子孔径（μm）≈14 832.4/筛子内径（μm）≈14 832/筛子目数，计量单位为目。粒度是指原料颗粒的尺寸，一般以颗粒的最大长度来表示。网目是表示标准筛的筛孔尺寸的大小。在泰勒标准筛中，所谓网目就是2.54 cm（1 in）长度中的筛孔数目，并简称为目。泰勒标准筛制：泰勒筛制的分度是以200目筛孔尺寸0.074 mm为基准，乘或除以

① 1 psi = 6.895 kPa。

主模数方根（1.141）的 n 次方（$n=1, 2, 3, \cdots$），就得到较 200 粗或细的筛孔尺寸，如果用数 2 的四次方根（1.189 2）的 n 次方去乘或除 0.074 mm，就可以得到分度更细的一系列的筛孔尺寸。目数越大，表示颗粒越细，类似于金相组织的放大倍数。目数前加正负号则表示能否漏过该目数的网孔。负数表示能漏过该目数的网孔，即颗粒尺寸小于网孔尺寸；而正数表示不能漏过该目数的网孔，即颗粒尺寸大于网孔尺寸。例如，颗粒为 -100 ~ +200 目，即表示这些颗粒能从 100 目的网孔漏过而不能从 200 目的网孔漏过，在筛选这种目数的颗粒时，应将目数大（200）的放在目数小（100）的筛网下面，在目数大（200）的筛网中留下的即为 -100 ~ 200 目的颗粒。

筛子目数与粒度对照表如表 2.17 所示。

表 2.17　筛子目数与粒度对照表

目数	粒度/μm	目数	粒度/μm	目数	粒度/μm
5	3 900	120	124	1 100	13
10	2 000	140	104	1 300	11
16	1 190	170	89	1 600	10
20	840	200	74	1 800	8
25	710	230	61	2 000	6.5
30	590	270	53	2 500	5.5
35	500	325	44	3 000	5
40	420	400	38	3 500	4.5
45	350	460	30	4 000	3.4
50	297	540	26	5 000	2.7
60	250	650	21	6 000	2.5
80	178	800	19	7 000	1.25
100	150	900	15		

【任务实施】

1. 学习分组

学习分组如表 2.18 所示。

表 2.18　学习分组

班级		组名	
组长		指导老师	
组员	日期：		

2. 任务实施流程

步骤一：设计实验方案

参照中华人民共和国石油天然气行业标准 SY/T 5108—2014《水力压裂和砾石充填作业用支撑剂性能测试方法》中推荐的做法进行。实验步骤设计：

____

____

____

____

____

____

步骤二：准备实验材料

实验材料的准备包含仪器设备的预热、材料的处理、各种溶液的配制及用量等内容，学生要能准备实验材料。通过实验材料的准备，使学生理解并熟记仪器的准备、操作，理解并熟记酸液的配制及相关计算。材料准备如表 2.19 所示。

表 2.19　材料准备表

实验材料准备		准备工作
仪器设备	电子天平	
	压裂测试设备	
	玻璃仪器	
	支撑剂处理	
	筛子	
溶液配制	酸液配制	10% 盐酸________mL 溶剂水________mL

步骤三：实验实施

实验实施中，学生要合理安排实验内容，有分工、有合作，提高工作效率，包括支撑剂的筛选、酸液用量的计算等操作，提高细致认真的科学精神和实践精神。

步骤四：实验数据分析

实验结束后按照要求处理钢片，根据实验前后岩屑质量变化即可计算缓蚀剂缓蚀率。实验数据（见表 2.20）是化学剂评价的主要依据，学生要懂得分析实验数据，根据实验结果，学生能分析改支撑剂的优劣。

表 2.20　实验数据表

试验编号	粒径		抗压强度
	反应前	反应后	

【任务评价】

任务评价表如表 2.21 所示。

表 2.21　任务评价表

<table>
<tr><td>小组名称</td><td colspan="5"></td></tr>
<tr><td>组长</td><td></td><td>组员</td><td colspan="3"></td></tr>
<tr><td colspan="2">评价内容</td><td>分值</td><td>自评</td><td>互评</td><td>教师评价</td></tr>
<tr><td rowspan="3">组长组织工作（10 分）</td><td>1. 能平均、合理地分配任务</td><td>3</td><td></td><td></td><td></td></tr>
<tr><td>2. 能及时组织小组决策，把握进度</td><td>3</td><td></td><td></td><td></td></tr>
<tr><td>3. 能做好材料的收集、整理工作</td><td>4</td><td></td><td></td><td></td></tr>
<tr><td rowspan="2">知识学习情况（20 分）</td><td>1. 熟记支撑剂的评价指标</td><td>10</td><td></td><td></td><td></td></tr>
<tr><td>2. 熟记支撑剂的评价操作</td><td>10</td><td></td><td></td><td></td></tr>
<tr><td rowspan="2">技能习得情况（20 分）</td><td>1. 能够评价支撑剂</td><td>10</td><td></td><td></td><td></td></tr>
<tr><td>2. 能够合理选择支撑剂</td><td>10</td><td></td><td></td><td></td></tr>
<tr><td rowspan="4">小组合作情况（20 分）</td><td>1. 每个成员都能积极地参与小组活动</td><td>5</td><td></td><td></td><td></td></tr>
<tr><td>2. 每个成员都有自己明确的任务，并能认真地完成任务</td><td>5</td><td></td><td></td><td></td></tr>
<tr><td>3. 小组成员间能认真倾听，互助互学</td><td>5</td><td></td><td></td><td></td></tr>
<tr><td>4. 小组合作氛围愉快，合作效果好</td><td>5</td><td></td><td></td><td></td></tr>
</table>

续表

评价内容		分值	自评	互评	教师评价
素质能力表现（20 分）	1. 具有克服困难、迎难而上的勇气	5			
	2. 具有精益求精的工匠精神	5			
	3. 具有爱岗敬业的精神	10			
创新能力（10 分）	应用创新思维、创新方法进行创新的能力较强，分析和解决问题的能力较好	10			
总分					
最后得分					

【拓展学习】

1. 支撑剂的粒度分度是什么？

2. 分析行业标准和企业标准的异同。

任务十一　配制冻胶压裂液

【任务描述】

某油田需要配制冻胶压裂液，请完成冻胶压裂液的设计、配制和评价，并严格遵守 HSE 和环保要求。

【任务目标】

知识目标

1. 理解并熟记 HPAM 冻胶交联机理；
2. 理解并熟记冻胶压裂液的配制与破胶的方法和原理。

能力目标

1. 能够团队合作设计实验步骤并完成实验；
2. 能够独立进行分析和处理。

素养目标

1. 养成学生精益求精的工匠精神；
2. 养成学生劳动精神。

小贴士：

二十大报告中强调“加快实现高水平科技自立自强”。习近平总书记对油气行业科技创新寄予厚望，提出要“努力用我们自己的装备开发油气资源”。科技创新是引领发展的第一动力，实现稳定增产靠的就是技术创新。

【案例导入】

分析案例“油田污水配制冻胶压裂液”，从中我们能学到什么？

____

____

____

油田污水配制冻胶压裂液

【知识储备】

1. 冻胶压裂液的配制

学习微课“冻胶压裂液的配制”。

冻胶压裂液的配制

2. 水基冻胶交联剂

水基冻胶交联剂配体经常使用 α－羟基酸，如乳酸、乙醇酸、柠檬酸等，可用氢氧化铵、碱金属氢氧化物或有机碱来中和生成的 HCl，其中有机碱（如三乙醇胺）能够对交联金属进一步络合。应注意，在将双－三乙醇胺钛交联剂与水混合时，可以显著延缓交联聚合物的速率直至彻底失效，因为在水中双－三乙醇胺钛交联络合物可能发生水解聚合反应。

金属离子交联机理认为过渡金属交联聚多糖时，起交联作用的是金属离子，有机金属络合物由于不易解离，故在开始时只有一部分 M^{n+} 立即填补上去恢复平衡，维持交联作用，如此不断继续下去，直到所有螯合物离子全部解离出去，再无 M^{n+} 离子补充为止。但金属离子只有在浓度极稀的范围内才可能存在，当金属离子和配位体的比值超过一定值并与水接触时，很容易水解聚合生成羟桥络离子。

【任务实施】

1. 学习分组

学习分组如表 2.22 所示。

表 2.22 学习分组

班级		组名	
组长		指导老师	
组员	日期：		

2. 任务实施流程

步骤一：设计实验方案

SY/T 5107—2005

参照中华人民共和国石油天然气行业标准 SY/T 5107—2005《水基压裂液性能评价方法》中推荐的做法进行。实验步骤设计如下：

____

____

____

____

步骤二：准备实验材料

实验材料的准备包含仪器设备的预热、材料的处理、各种溶液的配制及用量等内容，学生要能准备实验材料。通过实验材料的准备，使学生理解并熟记仪器的准备、操作，理解并熟记交联剂溶液的配制、冻胶的制备和破胶等相关操作和计算。材料准备如表 2.23 所示。

表 2.23 材料准备表

实验材料准备		准备工作
仪器设备	电子天平	
	水浴锅	
	玻璃仪器	
	六速旋转黏度计	
	高速搅拌器	
溶液配制	聚合物溶液配制	聚合物________g 溶剂水________mL
	交联剂液配制	交联剂________mL/g 溶剂水________mL
	破胶剂溶液配制	破胶剂________mL/g 溶剂水________mL

步骤三：实验实施

在实验实施中，学生要合理安排实验内容，有分工、有合作，提高工作效率，包括高速搅拌器的规范操作、六速旋转黏度计的规范操作、电子天平的规范操作，提高细致认真的科学精神和实践精神。

步骤四：实验数据分析

实验结束后按照要求处理数据，根据实验中成冻时间分析影响因素。实验数据（见表 2.24～表 2.26）是化学剂评价的主要依据，学生要懂得分析实验数据，根据实验结果，学生能分析出该聚合物和交联剂、破胶剂的最佳搭配（见图 2.19～图 2.21）。

（1）交联剂类型对成冻时间的影响。

表 2.24 交联剂种类对成冻时间的影响

实验序号	成冻时间	实验现象
1		
2		
3		
4		
5		

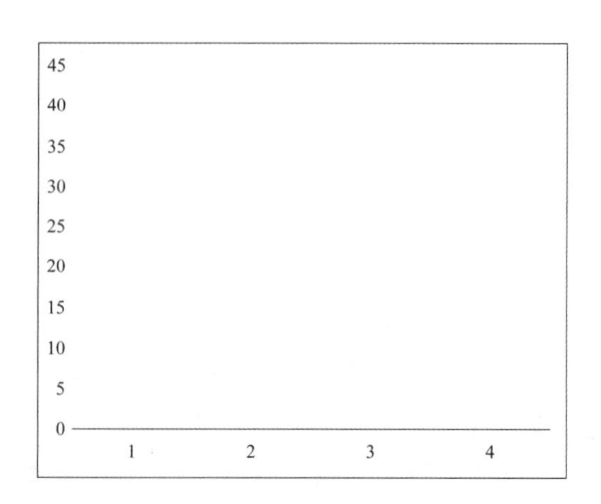

图 2.19 交联剂类型对成冻时间的影响

（2）交联剂用量对成冻时间的影响。

表 2.25　交联剂用量对成冻时间的影响

实验序号	成冻时间	实验现象
1		
2		
3		
4		
5		

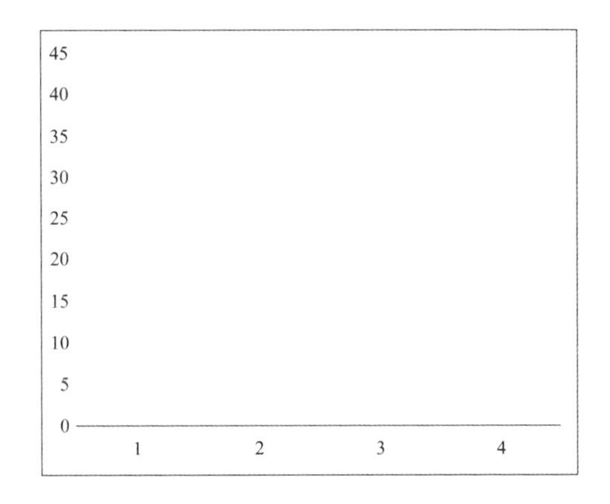

图 2.20　交联剂用量对成冻时间的影响

（3）温度对成冻时间的影响。

表 2.26　温度对成冻时间的影响

实验序号	成冻时间	实验现象
1		
2		
3		
4		
5		

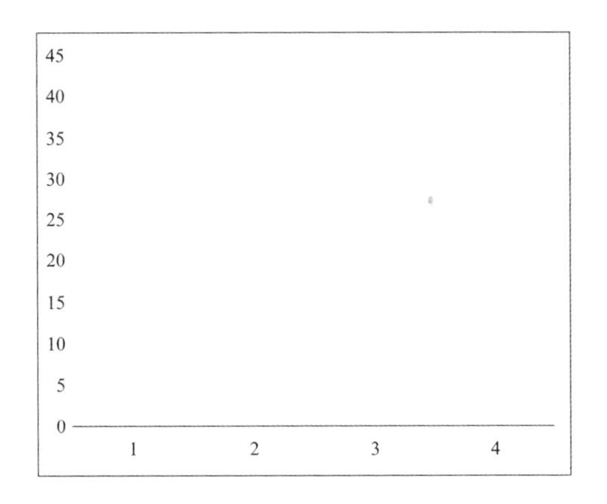

图 2.21　温度对成冻时间的影响

【任务评价】

任务评价如表 2.27 所示。

表 2.27　任务评价表

<table>
<tr><td>小组名称</td><td colspan="6"></td></tr>
<tr><td>组长</td><td></td><td>组员</td><td colspan="4"></td></tr>
<tr><td colspan="3">评价内容</td><td>分值</td><td>自评</td><td>互评</td><td>教师评价</td></tr>
<tr><td rowspan="3">组长组织工作
（10 分）</td><td colspan="2">1. 能平均、合理地分配任务</td><td>3</td><td></td><td></td><td></td></tr>
<tr><td colspan="2">2. 能及时组织小组决策，把握进度</td><td>3</td><td></td><td></td><td></td></tr>
<tr><td colspan="2">3. 能做好材料的收集、整理工作</td><td>4</td><td></td><td></td><td></td></tr>
</table>

续表

评价内容		分值	自评	互评	教师评价
知识学习情况（20分）	1. 熟记冻胶压裂液的配制方法	10			
	2. 熟记冻胶压裂液的重要组成	10			
技能习得情况（20分）	1. 能够独立配制冻胶压裂液	10			
	2. 能够合理评价冻胶压裂液	10			
小组合作情况（20分）	1. 每个成员都能积极地参与小组活动	5			
	2. 每个成员都有自己明确的任务，并能认真地完成任务	5			
	3. 小组成员间能认真倾听，互助互学	5			
	4. 小组合作氛围愉快，合作效果好	5			
素质能力表现（20分）	1. 具有克服困难、迎难而上的勇气	5			
	2. 具有精益求精的工匠精神	5			
	3. 具有爱岗敬业的精神	10			
创新能力（10分）	应用创新思维、创新方法进行创新的能力较强，分析和解决问题的能力较好	10			
总分					
最后得分					

【拓展学习】

1. 查看北京希涛技术开发有限公司企业标准 Q/SY XTJ 0006—2015《低聚物水基冻胶压裂液稠化剂》，分析企业标准和行业标准的不同之处。

Q/SY XTJ 0006—2015

2. 写出配制 0.5% 高分子溶液的方法。

3. 分析冻胶成冻时间的影响因素。

课后练习

一、选择题

1. 我国现在主要采用的压裂技术是（　　）。

A. 交联凝胶压裂　　B. 加砂水力压裂

C. 不加砂水力压裂　　D. 氮气泡沫压裂

2. 水力裂缝的形态取决于（　　）的大小和方位。

A. 油层　　B. 底层温度　　C. 地应力　　D. 岩层

3. 国内整体压裂技术观念的形成是在 20 世纪（　　）。

A. 80 年代末和 90 年代初　　B. 90 年代末

C. 80 年代初　　D. 70 年代末

4.（　　）是存在于地壳中的未受工程扰动的天然应力，也称岩体初始应力、绝对应力或原岩应力。

A. 破裂压力　　B. 地应力　　C. 离心力

5. 压裂施工中，携带砂子进入地层的是（　　）。

A. 乳化剂　　B. 携砂液　　C. 前置液　　D. 泥浆

6. 水基压裂液常用（　　）作为抗高温稳定剂。

A. 甲醇　　B. 盐酸　　C. 乙醛　　D. 浓硫酸

7. 通常压裂过程中的摩阻（　　）越好。

A. 越高　　B. 越低　　C. 保持不变　　D. 呈规律性变化

8. 下列物质中，（　　）不能作为水基压裂液的 pH 调节剂。

A. 碳酸钠　　B. 氯化钠　　C. 碳酸氢钠　　D. 氢氧化钠

9. 压裂液因（　　），不易漏入地层，所以有利于造缝。

A. 摩阻小　　B. 交联性能好　　C. 黏度高　　D. 滤失量低

10. 压裂施工中通常采用封隔器进行（　　）。

A. 保护油管　　B. 分层压裂　　C. 保护压裂设备　　D. 保护套管

二、判断题

1. 压裂施工曲线可以反映地层压力的变化。（　　）

2. 在压裂施工中，压裂施工曲线是指导施工的唯一依据。（　　）

3. 压裂施工时，必须先打开出水旋塞阀，后关闭回水旋塞阀，以防憋压，发生事故。（　　）

4. 压裂酸化施工作业车辆和液罐应摆放在井口上风方向。（　　）

5. 多裂缝压裂适用于层间隔层小、不能用封隔器分卡的已射孔多个油层的分层压裂。（　　）

三、思考题

1. 压裂液有几种类型?
2. 压裂液应具有哪些基本性质?
3. 压裂施工中压裂液分为哪几部分?各有什么作用?
4. 压裂施工的基本工序有哪些?
5. 压裂施工中如何判断油层是否形成裂缝?

模块三 调剖施工

任务十二 熟悉调剖技术

【任务描述】

喇萨杏油田总地质储量34.86亿t，剩余地质储量68.3%在厚油层中；未水洗厚度30%，中水洗厚度40%；以含水率98%为界限，低效无效循环层驱油效率为66%；无效注水$1.05\times10^8\ m^3$，无效产液$3\ 900\times10^4$ t，同井多层高含水井增多，控制含水上升难度很大。在改造过程中，需要调剖技术提高注水效率、挖掘低渗透层储量。请根据该油水井特征，选择合适的调剖剂，并提供选用依据。

【任务目标】

知识目标

1. 理解并熟记调剖作业及其作用机理；
2. 理解并熟记调剖方法和原理。

能力目标

能够在工作中判断调剖工艺及其分类。

素养目标

1. 养成学生全面发展的品德，树立正确价值观；
2. 加强学生专业自信。

小贴士：

我国在石油新能源技术的研究和应用方面已经取得了一定的成果。接下来，我们还需要持续加强自主研发与创新能力，不断提高石油产业的生产能力，降低成本，集中资源攻克关键核心技术。

【案例导入】

喇萨杏油田用聚合物调剖获得良好效果，使用的实验室调剖方案是聚合物（CP530或

CP531），浓度为 1×10^{-3} mg/L，注入 8 PV，然后注隔离液（水）3 PV，之后注入交联剂柠檬酸铝（浓度为 0.5×10^{-3} mg/L，注入 5 PV），再注隔离液 1 PV，注聚合物 CP742（浓度为 1×10^{-3} mg/L，注入 8 PV）后恢复正常注水。在岩心出口取样测浓度，计算吸附量，测岩心的残余阻力系数，确定调剖后的渗透率下降程度。根据实验室资料和矿场资料，通过数值模拟计算，确定了矿场施工参数。矿场试验表明，高渗透层吸水量下降 40% 以上。

调剖后继续进行聚合物溶液驱油，采用 AC430 聚合物，注入浓度最高为 1.5×10^{-3} mg/L，平均为 0.82×10^{-3} mg/L，注入段塞体积为 0.15 PV，注入量为 198.4×10^{3} m^{3}。段塞浓度结构分为高、中、低三个级次，估计每吨聚合物将增产油 264 t。

【知识储备】

1. 调剖技术概述

学习微课“调剖技术概述”。

调剖技术概述

2. 注水井调剖选井原则

注水井调剖一般遵循以下原则：

（1）位于综合含水高、采出程度较低、剩余饱和度较高的开发区块的注水井；

（2）累计注采比尽量接近于 1，此时最需要启动新层；

（3）与井组内油井连通情况好的注水井；

（4）吸水和注水良好的注水井；

（5）吸水剖面纵向差异大的注水井；

（6）注水井固井质量好，无窜槽和层间窜漏现象。

3. 复合调剖剂机理

复合调剖剂种类较多，它主要是针对单一调剖剂的缺点而设计的。单一的调剖剂有其各种各样的制约，影响其施工效果和广泛应用，因此在不同的调剖剂里选择加入各种其他药剂，弥补单一调剖剂的不足，发挥各种药剂的协同作用，使堵水调剖工作走上一个新台阶。如在木质素类调剖剂中加入表面活性剂、在固体颗粒类调剖剂中加入保护剂、在凝胶类调剖剂中加入固体颗粒、在木质素类调剖剂中加入固体颗粒，在聚合物中加入膨润土，等等，都是针对各种调剖剂的缺点而研究设计的，因此其封堵效果和强度等各方面可能会超过单一的调剖剂，这种调剖剂应该能成为以后堵水调剖剂的发展方向。

【任务实施】

任务工作单如表 3.1 所示。

表 3.1　任务工作单

<table>
<tr><td colspan="5">任务工作单</td></tr>
<tr><td colspan="5">姓名：________　　班级：________　　组号：________</td></tr>
<tr><td colspan="5">分组情况</td></tr>
<tr><td>序号</td><td>学号</td><td>姓名</td><td>角色</td><td>职责</td></tr>
<tr><td></td><td></td><td></td><td></td><td></td></tr>
<tr><td></td><td></td><td></td><td></td><td></td></tr>
<tr><td></td><td></td><td></td><td></td><td></td></tr>
<tr><td></td><td></td><td></td><td></td><td></td></tr>
<tr><td></td><td></td><td></td><td></td><td></td></tr>
<tr><td></td><td></td><td></td><td></td><td></td></tr>
<tr><td colspan="5">工作过程</td></tr>
<tr><td>序号</td><td>工作内容</td><td colspan="2">完成情况</td><td>备注</td></tr>
<tr><td>1</td><td>分析吸水剖面对原油开采的影响</td><td colspan="2"></td><td></td></tr>
<tr><td>2</td><td>分析调剖作用机理</td><td colspan="2"></td><td></td></tr>
<tr><td>3</td><td>分析调剖工艺的优缺点</td><td colspan="2"></td><td></td></tr>
</table>

续表

工作过程			
序号	工作内容	完成情况	备注
4	不同的调剖方法各适用于什么情况？请说明		
出现问题		解决办法	

【任务评价】

任务评价表如表3.2所示。

表3.2 任务评价表

小组名称						
组长		组员				
评价内容			分值	自评	互评	教师评价
组长组织工作（10分）	1. 能平均、合理地分配任务		3			
	2. 能及时组织小组决策，把握进度		3			
	3. 能做好材料的收集、整理工作		4			
知识学习情况（20分）	1. 能够正确理解吸水剖面对调剖作业的影响		10			
	2. 能够分析调剖作用机理		10			
技能习得情况（20分）	1. 能够判断各种应用场景的调剖作业		10			
	2. 能够合理选择调剖剂		10			

续表

评价内容		分值	自评	互评	教师评价
小组合作情况（20分）	1. 每个成员都能积极地参与小组活动	5			
	2. 每个成员都有自己明确的任务，并能认真地完成任务	5			
	3. 小组成员间能认真倾听，互助互学	5			
	4. 小组合作氛围愉快，合作效果好	5			
素质能力表现（20分）	1. 具有克服困难、迎难而上的勇气	5			
	2. 具有精益求精的工匠精神	5			
	3. 具有爱岗敬业的精神	10			
创新能力（10分）	应用创新思维、创新方法进行创新的能力较强，分析和解决问题的能力较好	10			
总分					
最后得分					

【拓展学习】

1. 学习“调剖操作规程”，记录注意事项。

调剖操作规程

2. 分析吸水剖面不均的原因。

3. 分析调剖方法的使用条件。

任务十三 选择双液法调剖剂

【任务描述】

中原胡庆油田注水井近井地带出现结垢物堵塞，远井地带储层内存在高渗透层。注水井的近井地带需要做解堵、疏通处理，而远井地带需要用堵剂做调剖处理。根据这类油水井的近疏远调情况，完成双液法调剖剂的正确选用，并提供选用依据。

【任务目标】

知识目标

1. 理解并熟记双液法调剖剂的分类；
2. 理解并熟记双液法调剖剂体系及其特点。

能力目标

1. 能够根据现场需求正确选择双液法调剖剂；
2. 能够分析双液法调剖剂的作用机理。

素养目标

1. 养成学生敢闯敢干的创新意识；
2. 加强学生精益求精的工匠精神。

小贴士：

十年征途，从“我为祖国献石油”到“我为祖国献能源”，石油人用奋斗书写新时代篇章。一个个大国工匠、劳动模范、技能专家，长期扎根基层，用匠心与智慧解决掉一个个生产难题，成为照亮平凡岗位的希望之光。

【案例导入】

胡庆油田使用双液法深部调剖剂 LF－1，对 18 口注水井进行了近疏远调处理，工艺上全部成功。单井平均注入堵剂液 948.5 m^3，平均处理半径 11.5 m。18 个井组在不同程度上见效，32 口对应油井中有 28 口见效，1 年内累积增产原油 4 603.3 t，减少产水 35 842.2 t。

深部调剖后，4 口注水井注水压力平均上升 3.1 MPa，启动压力平均上升 4.7 MPa，视吸水指数平均下降 2.5 m^3/(MPa·d)。

【知识储备】

1. 双液法调剖

学习微课“双液法调剖”。

双液法调剖

2. 提高双液法调剖效果的方法

（1）隔离液的选择。通常用水或者油，用水时要注意水对反应液的稀释作用。

（2）处理的单元数。两种反应液一次交替处理为一单元处理。为使两种反应液充分接触，最好采用多（3~5）单元处理。

（3）反应液的黏度。第一反应液的黏度应稍大于第二反应液的黏度，以防止第二反应液不易突破或过早突破第一反应液，提高药剂利用率。

（4）多单元处理时各单元隔离液体积的选择。一种是隔离液体积越来越大，一种是隔离液体积越来越小。

3. 泡沫凝胶

泡沫凝胶（又称凝胶泡沫）是在水浆中加入添加剂后与氮气（或压缩空气）均匀混合形成泡沫，泡沫壁中的液体在添加剂的作用下又迅速转变为凝胶，最终形成的固态凝胶与气体所组成的混合体系。泡沫凝胶在胶凝前具有泡沫的特性，此时黏度相对较低，有良好的流动与扩散性；胶凝后黏度逐渐增加，又具有凝胶的特性，将该特性用于煤炭自燃的预防和治理时表现出来的是其良好的固水、覆盖、降温与封堵性。

【任务实施】

任务工作单如表 3.3 所示。

表 3.3　任务工作单

<table>
<tr><td colspan="5">任务工作单</td></tr>
<tr><td colspan="2">姓名：________</td><td colspan="2">班级：________</td><td>组号：________</td></tr>
<tr><td colspan="5">分组情况</td></tr>
<tr><td>序号</td><td>学号</td><td>姓名</td><td>角色</td><td>职责</td></tr>
<tr><td></td><td></td><td></td><td></td><td></td></tr>
<tr><td></td><td></td><td></td><td></td><td></td></tr>
<tr><td></td><td></td><td></td><td></td><td></td></tr>
<tr><td></td><td></td><td></td><td></td><td></td></tr>
<tr><td></td><td></td><td></td><td></td><td></td></tr>
<tr><td colspan="5">工作过程</td></tr>
<tr><td>序号</td><td>工作内容</td><td colspan="2">完成情况</td><td>备注</td></tr>
<tr><td>1</td><td>分析双液法调剖剂的调剖机理</td><td colspan="2"></td><td></td></tr>
</table>

续表

工作过程			
序号	工作内容	完成情况	备注
2	分析硅酸钠在双液法调剖中的应用		
3	分析双液法调剖案例中各段调剖剂的作用		
出现问题		解决办法	

【任务评价】

任务评价表如表3.4所示。

表3.4　任务评价表

小组名称					
组长		组员			
评价内容		分值	自评	互评	教师评价
组长组织工作（10分）	1. 能平均、合理地分配任务	3			
	2. 能及时组织小组决策，把握进度	3			
	3. 能做好材料的收集、整理工作	4			

续表

评价内容		分值	自评	互评	教师评价
知识学习情况（20 分）	1. 能够正确理解双液法调剖剂的作用机理	10			
	2. 能够熟记各种双液法调剖剂	10			
技能习得情况（20 分）	1. 能够判断各种应用场景的双液法调剖剂	10			
	2. 能够合理选择双液法调剖剂	10			
小组合作情况（20 分）	1. 每个成员都能积极地参与小组活动	5			
	2. 每个成员都有自己明确的任务，并能认真地完成任务	5			
	3. 小组成员间能认真倾听，互助互学	5			
	4. 小组合作氛围愉快，合作效果好	5			
素质能力表现（20 分）	1. 具有克服困难、迎难而上的勇气	5			
	2. 具有精益求精的工匠精神	5			
	3. 具有爱岗敬业的精神	10			
创新能力（10 分）	应用创新思维、创新方法进行创新的能力较强，分析和解决问题的能力较好	10			
总分					
最后得分					

【拓展学习】

1. 分析专利“一种三低砂岩油藏用双液法调剖堵水方法”，写出双液法配方。

一种三低砂岩油藏用双液法调剖堵水方法

2. 分析双液法调剖剂的使用条件。

3. 双液法调剖剂有哪些类型？

任务十四　选择单液法调剖剂

【任务描述】

乐安油田草 27 区块开发过程中主要存在原油黏度高、地层能量下降快、周期产量低的问题，经济效益差；共投产油井 29 口，受完井方式、出砂、套管错断等因素影响，正常生产 18 口，日产液水平 149.9 t/d，日产油水平 53.5 t/d，综合含水 64.3%，累计产油 5.08×10^4 t，采出程度 1.1%。请根据该油水井的特征，完成调剖剂的正确选用，并提供选用依据。

【任务目标】

知识目标

1. 理解并熟记单液法调剖剂的分类；
2. 理解并熟记单液法调剖剂体系及其特点。

能力目标

1. 能够根据现场需求正确选择单液法调剖剂；
2. 能够分析单液法调剖剂的作用机理。

素养目标

1. 提高学生思维能力和认知能力；
2. 加强学生自我担当和团队合作精神。

小贴士：

党的二十大报告指出“加快实施创新驱动发展战略。坚持面向世界科技前沿、面向经济主战场、面向国家重大需求、面向人民生命健康，加快实现高水平科技自立自强。”作为新时代的石油人，争当关键核心技术攻关者，努力实现更多“从 0 到 1”的突破。

【案例导入】

草 27－平 13 井在生产的第五周期使用氮气泡沫调剖工艺防止气窜。工艺累计使用氮气 52 800 N·m^3，泡沫剂用量 7 t。措施实施后，平稳注汽 10 d，未见气窜现象发生；排水期仍为 1 d，高产期延长了 5 d，峰值产量达到 11.7 t/d，比上周期高 1.8 t/d，周期内同期对比递减减小，与上周期同期对比已累计增油 154 t。氮气调剖对阻止气窜、增加单井产能、延长周期时间等有较明显的作用。

【知识储备】

1. 单液法调剖剂

学习微课“单液法调剖剂”。

单液法调剖剂（上）

单液法调剖剂（下）

2. 泡沫调剖

泡沫调剖就是利用泡沫对地层孔喉的封堵作用迫使蒸汽转向，而提高采收率的一种方式。泡沫是气体在液体中的粗分散体系，构成蒸汽泡沫的主要成分是表面活性剂，与普通泡沫不同的是，用于稠油吞吐井中所产生的泡沫必须耐高温，表面活性剂在注蒸汽的地层条件下能产生泡沫并能稳定一定的时间。泡沫调剖依赖其在注汽过程中产生的大量泡沫封堵高渗透地层的咽喉地带，注入蒸汽由于压力增高而转向其他孔隙，平面上提高蒸汽的波及面积，纵向上增加低渗透层的吸汽量，从而提高注汽效率。

其优点在于对地层伤害较小，经过半衰期后，其泡沫缓慢、自然解堵，且施工简单、方便。

其缺点在于封堵压力较低，有时达不到要求的理想压力，对水窜没有控制能力；泡沫稳定性受稠油特性、储层黏土含量、水质影响很大，使应用受到较大限制。

要获得较理想的封堵效果，需要持续不断地挤入药剂，以维持泡沫稳定和处理周期，造成成本过高。另外，目前国内可供选择的起泡剂较少，进口起泡剂成本较高，使现场应用受到很大程度的限制。

3. 固体颗粒调剖剂机理

该类堵水调剖剂侧重于堵水，它由固体颗粒、交联剂、表面活性剂等按比例复合而成，其固体颗粒有生物钙粉、矿物粉、粉煤灰、钠膨润土，等等；其交联剂具有固化作用，为弱胶联，可胶结无机颗粒及地层岩石，防止颗粒在流体冲刷下运移，在胶结中以固体颗粒作为骨架材料；表面活性剂可使岩石表面润湿反转，通过交联剂把固体颗粒和岩石松散胶结，提高高渗透层的吸汽阻力。还可以通过颗粒封堵高渗透层和高出水层，从而大幅度降低油井含水。

其优点在于对底水及窜槽水封堵效果较好，对高出水层的封堵强度高，有效期长，有效率高；对含水大于 80% 的油井也有较好的封堵效果，尤其对于目前处于吞吐中后期的油井形成的高渗透带、大孔道更具有较好的堵水封窜能力，提高了采收率，也使部分高含水井重新走上正常生产。

其缺点在于药剂无明显的选择性，只能依靠地层的选择性，由于稠油井的油水黏度差异大，所以低黏度的堵剂溶液进入水层的阻力比进入油层的阻力小，堵剂优先进入出水层；它对出水原因较复杂的油井封堵的效率较低；在施工中应注意对最终挤注压力的选择，要根据地层的渗透率、含水饱和度等选择不同的最终挤注压力，以免对出油层位的渗透率造成影响。

4. 聚合物调剖剂机理

聚合物堵水调剖剂一般由聚丙烯酰胺单体等高分子或聚合物单体、引发剂、交联剂等组成，它是由水井调剖剂转变而来的。在地层条件下，单体在引发剂、交联剂的作用下交联聚合形成具有高弹性、高强度的聚合物凝胶，堵塞地层大孔道，封堵高渗透水层，起到调整吸汽剖面的作用。

其特点是具有吸水膨胀性，增加封堵效果。其封堵性能与已成熟应用的水井调剖剂类似，不同点在于选择不同的交联剂，使已形成的冻胶在高温蒸汽的作用下能维持凝胶状态，稳定一定的时间，从而起到促使蒸汽进入低渗透层的目的。其技术的困难之处在于选择交联剂。

该技术的优点在于技术成熟，封堵强度高，封堵时间、强度可依现场要求调节。

其缺点在于无选择性，封堵高渗透层的同时也会封堵低渗透油层；施工时对机械设备的要求较高，易发生事故，如堵死管柱、挤注管线等；其药剂本身具有一定的毒性和吸水膨胀性，会对环境造成污染，也可能会对周围的牲畜造成伤害。

木质素、栲胶类堵水调剖剂利用栲胶、改性栲胶、单宁或提取的木质素与甲醛等配制成堵剂，根据注蒸汽温度及凝胶时间的要求配制成不同浓度。其机理与聚合物调剖剂类似，不同点在于生成的堵剂液与原油有一定的相溶性，从而具有一定的封堵选择性。

【任务实施】

任务工作单如表 3.5 所示。

表 3.5　任务工作单

<table>
<tr><td colspan="5">任务工作单</td></tr>
<tr><td colspan="5">姓名：________　　班级：________　　组号：________</td></tr>
<tr><td colspan="5">分组情况</td></tr>
<tr><td>序号</td><td>学号</td><td>姓名</td><td>角色</td><td>职责</td></tr>
<tr><td></td><td></td><td></td><td></td><td></td></tr>
<tr><td></td><td></td><td></td><td></td><td></td></tr>
<tr><td></td><td></td><td></td><td></td><td></td></tr>
<tr><td></td><td></td><td></td><td></td><td></td></tr>
<tr><td></td><td></td><td></td><td></td><td></td></tr>
<tr><td colspan="5">工作过程</td></tr>
<tr><td>序号</td><td>工作内容</td><td colspan="2">完成情况</td><td>备注</td></tr>
<tr><td>1</td><td>单液法调剖剂可以分为哪几类？请说明</td><td colspan="2"></td><td></td></tr>
</table>

续表

工作过程			
序号	工作内容	完成情况	备注
2	分析硅酸钠在单液法调剖剂中的作用		
3	单液法调剖剂是通过什么机理实现堵水的？请说明		
4	单液法调剖剂案例分析——各组分的作用		
出现问题		解决办法	

【任务评价】

任务评价表如表3.6所示。

表 3.6 任务评价表

小组名称						
组长		组员				
评价内容		分值	自评	互评	教师评价	
组长组织工作（10 分）	1. 能平均、合理地分配任务	3				
	2. 能及时组织小组决策，把握进度	3				
	3. 能做好材料的收集、整理工作	4				
知识学习情况（20 分）	1. 能够正确理解单液法调剖剂的作用机理	10				
	2. 能够熟记各种单液法调剖剂	10				
技能习得情况（20 分）	1. 能够判断各种应用场景的单液法调剖剂	10				
	2. 能够合理选择单液法调剖剂	10				
小组合作情况（20 分）	1. 每个成员都能积极地参与小组活动	5				
	2. 每个成员都有自己明确的任务，并能认真地完成任务	5				
	3. 小组成员间能认真倾听，互助互学	5				
	4. 小组合作氛围愉快，合作效果好	5				
素质能力表现（20 分）	1. 具有克服困难、迎难而上的勇气	5				
	2. 具有精益求精的工匠精神	5				
	3. 具有爱岗敬业的精神	10				
创新能力（10 分）	应用创新思维、创新方法进行创新的能力较强，分析和解决问题的能力较好	10				
总分						
最后得分						

【拓展学习】

1. 学习专利“一种冻胶微球体系及其制备方法”，分析专利中冻胶微球的制备方法。

一种冻胶微球体系及其制备方法

2. 分析单液法调剖剂的使用条件。

3. 分析硅酸钠在单液法调剖剂中的作用。

任务十五　制备凝胶型调剖剂

【任务描述】

渤中 34－2/4 油田是典型的复杂断块油田，渗透率较低。油田原油物性好，投产初期自喷能力强，产量高，无水和低含水采油期较长，采出程度较高，同时天然能量不足，导致地层压力降速较快，油井见水后产液能力下降，含水上升速率加快。在改造过程中，需要根据油层特征合成凝胶类调剖剂，完成调剖剂的性能评价，并进行现场试验。

【任务目标】

知识目标

理解并熟记硅酸凝胶调剖剂的制备方法。

能力目标

1. 能够团队合作设计实验步骤并完成实验；
2. 能够独立进行数据分析和处理。

素养目标

1. 养成学生实事求是、尊重科学的态度；
2. 养成学生科学探究和创新意识。

小贴士：

党的二十大报告指出“深入实施人才强国战略。培养造就大批德才兼备的高素质人才，是国家和民族长远发展大计。”我们作为新时代的石油人，要立足岗位实际，用心打磨技艺，执着专注、精益求精地苦练本领，为质量强国建设贡献自己的技术与技能。

【案例导入】

渤中 34－2/4 油田储层平均渗透率较低，合成的酚醛凝胶调剖剂由于初始黏度低、成胶速率慢等特点适用于渤海低渗油田调剖施工，渤海油田 E22h 井堵水措施后日增油 40 m^3，平均日增油 25 m^3，含水下降 75%，累增油 3 500 m^3，取得了较好的增油效果。

【知识储备】

水膨体堵水剂的评价

1. 水膨体堵水剂的评价

学习微课“水膨体堵水剂的评价”。

2. 溶液 pH 值测定方法

在待测溶液中加入 pH 指示剂，不同的指示剂根据不同的 pH 值会变化颜色，根据指示剂的研究就可以确定 pH 值的范围。

（1）使用 pH 试纸。pH 试纸有广泛试纸和精密试纸，用玻棒蘸一点待测溶液到试纸上，然后根据试纸的颜色变化并对照比色卡也可以得到溶液的 pH 值。但 pH 试纸不能够显示出油分的 pH 值，由于 pH 试纸是以氢离子来量度待测溶液的 pH 值的，但油中没有氢离子，因此 pH 试纸不能够显示出油分的 pH 值。

（2）使用 pH 计。pH 计是一种测量溶液 pH 值的仪器，它通过 pH 选择电极（如玻璃电极）来测出溶液的 pH 值。pH 计可以精确到小数点后两位。

3. 硅酸溶胶

硅酸溶胶又称硅溶胶。原硅酸 H_4SiO_4 的胶体溶液为乳白色，浓度高时呈胶状，由硅酸钠溶液与弱酸作用或通过碘化镁交换钠离子而成。胶体性质实验中的硅酸溶胶必须是澄清、透明的液体，受热或注入盐酸时均应生成凝胶；若与氢氧化铁溶胶混合，则立即凝聚。硅酸溶胶的配制方法是：6% 硅酸钠溶液（约 0.54 mol/L）与 10.5% 盐酸（约 3 mol/L）按体积比 4∶1 混合制得硅酸溶胶。

（1）配制 6% 硅酸钠溶液：将九水合硅酸钠和水按质量比 1∶6 混合，微微加热、搅拌，使其完全溶解。

（2）配制 10.5% 盐酸：37% 盐酸和水按体积 1∶3。

4. 凝胶的性质

1）弹性

弹性凝胶：这种凝胶在烘干后体积缩小很多，但仍保持弹性。

脆性凝胶：这种凝胶烘干后体积缩小不多，但失去弹性而具有脆性。

弹性凝胶保持弹性，如肌肉、皮肤、血管壁及组成植物细胞壁的纤维素等。脆性凝胶大多数是无机凝胶，它的网状结构坚固，不易伸缩，如硅胶、氢氧化铝等，广泛用作吸附剂。

2）膨润（溶胀）

干燥的弹性凝胶放入适当的溶剂中，会自动吸收液体而膨胀，这个过程称为膨润或溶胀。脆性凝胶没有这种性质。在生理过程中，膨润起相当重要的作用，有机体越年轻，膨润能力越强，随着有机体的逐渐衰老，膨润能力也逐渐减退的特点。

3）离浆（脱液收缩）

新制备的凝胶放置一段时间后，一部分液体可以自动而缓慢地从凝胶中分离出来，凝胶本身体积缩小，成为两相，这种现象称为离浆或胶液收缩。例如血液放置分离出血清、腺体的分泌、淀粉糊放置后分离出液体，都是凝胶的离浆现象。

离浆的实质是胶凝过程的继续。凝胶制品在医药上有广泛的应用，如干硅胶是实验室中带用的干燥剂。在生产和科学研究上，电泳和色谱法常用凝胶作为支持介质。

多相、高度分散和不稳定性是溶胶的基本特性。溶胶具有丁达尔效应，可与溶液区分。

5. pH计标准操作规程

1）仪器的操作

操作步骤：开机→校准→pH测量→测量结束→清洗电极→关机。

（1）开机：接通电源，打开开关，预热15 min。

（2）校准：第一次使用仪器或更换新电极，必须进行校准。日常使用中，如果使用频率较高，建议每星期校准一次；如果频率不高，建议使用前校准一次。

（3）pH测量：用温度计测量待测溶液的温度值；调节仪器面板温度旋转钮，使旋钮上的刻度线对准待测溶液的温度值；将电极置入待测液中，稍稍晃动，待显示稳定后读数，测量完毕。

（4）测量完毕，将电极冲洗干净，放入电极保护液中。关闭电源。

2）仪器的校准

（1）将仪器后面板的pH/mV转换开关拨至pH挡。

（2）用温度计测量待测溶液的温度值。

（3）调节仪器面板上的温度旋钮，使旋钮上的刻度线对准待测溶液的温度值。

（4）将电极置入pH6.86标准缓冲溶液中，调节定位旋钮至屏幕显示设置温度下的pH6.86值。

注意：标准缓冲溶液储存于冰箱冷藏室，使用前务必先在室温下放置10 min。

（5）将电极从pH6.86标准缓冲溶液中取出，在蒸馏水中洗净，用滤纸吸干电极上的水珠。

（6）将电极置入pH4.00（或pH9.18）标准缓冲溶液中。

说明：若待测液为酸性液体，则选用pH4.00标准缓冲溶液进行校准；若待测液为碱性液体，则选用pH9.18标准缓冲溶液进行校准。

（7）调节斜率旋钮，直至屏幕显示设置温度下pH4.00（或pH9.18）的值。

（8）重复（4）~（7）的步骤，直至仪器显示值符合两个标准缓冲溶液的pH值为止。

警告：仪器一旦校准完毕，定位及斜率旋钮不得再旋动，否则必须重新校准。

3）电极与仪器的维护

（1）仪器的电极接口必须保持干燥、清洁。

（2）pH复合电极使用后应洗净并置于氯化钾饱和溶液中。

（3）pH复合电极应避免长期浸泡在蒸馏水、蛋白质溶液和酸性氟化物溶液中。

（4）如果电极被污染，则必须清洁干净。

（5）玻璃电极球泡受污染可能使电极响应时间加长。可用CCl_4或皂液揩去污物，然后浸入蒸馏水一昼夜后继续使用。污染严重时，可用5% HF溶液浸10~20 min，立即用水冲洗干净，然后浸入0.1N HCl溶液一昼夜后继续使用。

【任务实施】

1. 设计实验方案

根据课前观看的微课，设计实验步骤。

____

____

____

____

____

2. 准备实验材料

实验材料的准备包含仪器设备的预热、材料的处理、各种溶液的配制及用量等内容，学生要能准备实验材料。通过实验材料的准备，使学生掌握仪器的准备、操作，以及酸液的配制、硅酸钠溶液的配制等相关计算。

表 3.7 材料准备表

实验材料准备		准备工作
仪器设备	电子天平	
	水浴锅	
	玻璃仪器	
溶液配制	硅酸钠溶液配制	硅酸钠________g 溶剂水________mL
	盐酸溶液配制	36% 盐酸________mL 溶剂水________mL
	醋酸溶液配制	36% 醋酸________mL 溶剂水________mL

3. 进行实验操作

实验实施中，学生要合理安排实验内容，有分工、有合作，提高工作效率，包括硅酸钠的称量、配制，盐酸用量的计算，醋酸用量的计算，酸的稀释规范操作，电子天平水浴锅的温控操作等，培养学生细致、认真的科学精神和实践精神。

____

____

____

____

____

4. 分析实验数据

实验数据是化学剂评价的主要依据，学生要懂得分析实验数据（见表 3.8 ~ 表 3.11），根据实验结果，学生能分析出硅酸凝胶影响因素（见图 3.1 ~ 图 3.4）。

表 3.8 硅酸钠用量对成胶时间的影响

实验序号	成胶时间	实验现象
1		
2		
3		
4		
5		

图 3.1 硅酸钠用量对成胶时间的影响

表 3.9 酸用量对成胶时间的影响

实验序号	成胶时间	实验现象
1		
2		
3		
4		
5		

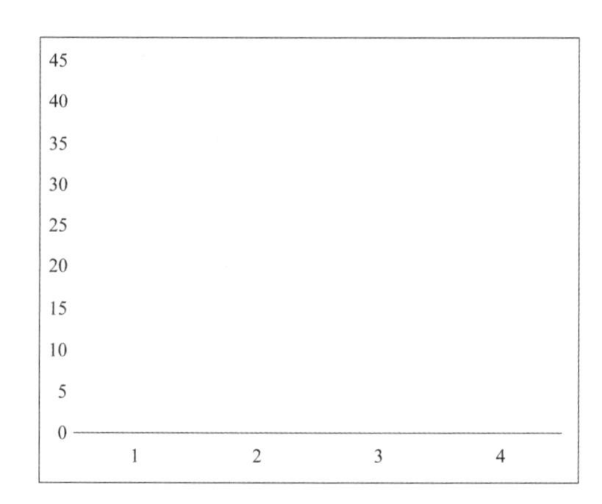

图 3.2 酸用量对成胶时间的影响

表 3.10 温度对成胶时间的影响

实验序号	成胶时间	实验现象
1		
2		
3		
4		
5		

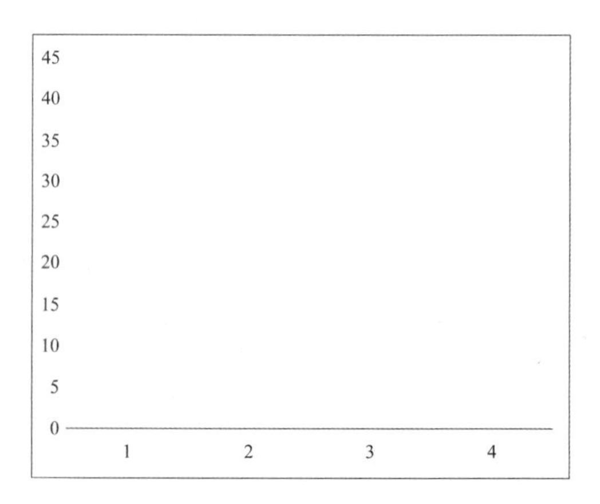

图 3.3 温度对成胶时间的影响

表 3.11 pH 值对成胶时间的影响

实验序号	成胶时间	实验现象
1		
2		
3		
4		
5		

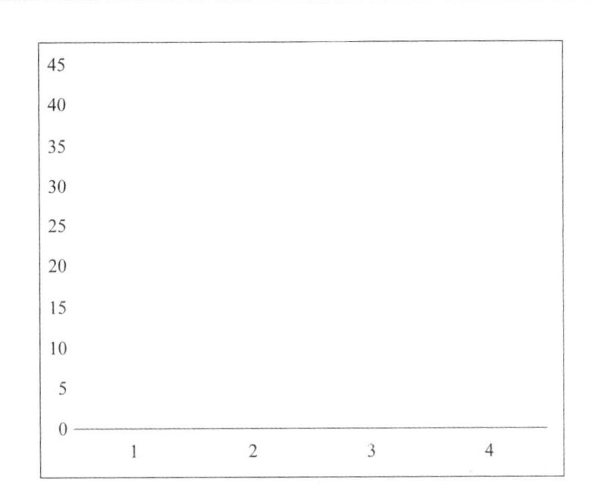

图 3.4 pH 值对成胶时间的影响

【任务评价】

任务评价表如表 3.12 所示。

表 3.12 任务评价表

小组名称					
组长		组员			
评价内容		分值	自评	互评	教师评价
组长组织工作（10 分）	1. 能平均、合理地分配任务	3			
	2. 能及时组织小组决策，把握进度	3			
	3. 能做好材料的收集、整理工作	4			
知识学习情况（20 分）	1. 能够正确理解凝胶制备方法和原理	10			
	2. 能够分析硅酸凝胶影响因素	10			
技能习得情况（20 分）	1. 能够分析和处理实验数据	10			
	2. 能够独立操作相关仪器	10			
小组合作情况（20 分）	1. 每个成员都能积极地参与小组活动	5			
	2. 每个成员都有自己明确的任务，并能认真地完成任务	5			
	3. 小组成员间能认真倾听，互助互学	5			
	4. 小组合作氛围愉快，合作效果好	5			
素质能力表现（20 分）	1. 具有克服困难、迎难而上的勇气	5			
	2. 具有精益求精的工匠精神	5			
	3. 具有爱岗敬业的精神	10			

续表

评价内容		分值	自评	互评	教师评价
创新能力（10分）	应用创新思维、创新方法进行创新的能力较强，分析和解决问题的能力较好	10			
总分					
最后得分					

【拓展学习】

1. 搜集硅酸钠溶液在油田中的用途，分析硅酸钠溶液的作用机理。

2. 如何测定溶液的 pH 值？

3. 写出配制硅酸钠溶液 100 mL 的方法。

课后练习

一、选择题

1. 关于深度调剖和封堵施工压力的描述，下列说法正确的有（　　）。

A. 施工压力应小于地层破裂压力

B. 施工压力应大于非调堵层的启动注入压力

C. 施工压力应小于非调堵层的启动注入压力

D. 施工压力应小于调堵层的启动注入压力

2. 注水井调剖的目的是（　　）。

A. 降低高吸水层吸水能力　　B. 增加高吸水层吸水能力

C. 对地层吸水能力无影响

3. 调剖前，油井主要从（　　）产水。

A. 高渗透层　　B. 低渗透层　　C. 中渗透层　　D. 不确定

4. 通常来说，调剖作业的单井周期比酸化作业的要（　　）。

A. 短　　B. 长　　C. 短得多　　D. 不确定

5. 在调剖作业中，注意事项不包括（　　）。

A. 注意液位，防止冒罐　　B. 按时巡检

C. 按时加碱，防止 pH 值过大　　D. 防止磕碰、滑倒摔伤

6. 调剖作业过程中，调剖液主要是通过（　　）增压后向地层进行挤注的。

A. 喂入泵　　B. 调剖泵　　C. 离心泵　　D. 熟化罐

7. 下列不属于调剖作业中使用的药剂的是（　　）。

A. 交联 A 剂　　B. 交联 B 剂　　C. 聚丙烯酰胺　　D. 互溶剂

8. 调剖不包括（　　）。

A. 浅调　　B. 深部调剖　　C. 调驱　　D. 堵水

9. 双液法堵剂主要有沉淀型双液法堵剂、（　　）等。

A. 凝胶型双液法堵剂　　B. 冻胶型双液法堵剂

C. 泡沫型双液法堵剂　　D. 絮凝体型双液法堵剂

10. 双液法调剖技术不包括（　　）。

A. 水玻璃 + 氯化钙　　B. 水玻璃 + 氟硅酸

C. 黄河黏土悬浮液 + 冻胶堵剂　　D. 部分水解聚丙烯酰胺 + 活性稠油

二、判断题

1. 选择调剖的注水井都是层间吸水差异较大的注水井。（　　）

2. 调剖时，任何人员不得带打火机、手机、火柴及非防爆手电等进入作业现场。（　　）

3. 在调剖作业结束后，隔膜泵可以直接收起来，没必要用清水进行清洗。（ ）

4. 调剖、堵水不能提高油井采收率。（ ）

5. 调剖作业加药剂时，施工人员必须佩戴好防护用品，包括安全帽、工鞋、工服、防护镜，而不需要戴防尘口罩。（ ）

三、思考题

1. 简述调剖的定义。

2. 调剖作用中使用的主要设备有哪些？

3. 单液法调剖剂是通过什么机理实现堵水的？

4. 不同的调剖方法各适用于什么情况？

5. 分析双液法调剖剂的使用条件。

模块四 堵水施工

任务十六 熟悉堵水技术

【任务描述】

渤海某油田油藏温度为65 ℃，边水油藏，储层连通性好，平均孔隙度为33%，平均渗透率为1 962 mD，属于高孔高渗油藏。地层原油黏度在180 mPa·s左右，原油黏度较高。部分油井在开发一段时间后，由于地层非均性高、水油流度比较大等，边、底水或注入水沿高渗通道快速突破，油井较早进入中高含水甚至水淹。常规化学堵水技术通过向油井注入堵剂（聚合物冻胶类、树脂类以及泡沫类等），对高出水层位进行封堵，有利于启动低采出程度的油层，降低油井含水率，提高采出程度。请根据该油水井的特征，完成油井堵水剂的正确选用，并提供选用依据。

【任务目标】

知识目标

1. 理解并熟记堵水作业及其作用机理；
2. 理解并熟记堵水方法和原理。

能力目标

1. 能够分析油层出水原因；
2. 能够在工作中判断堵水工艺及其分类。

素养目标

1. 养成学生善于分析、勇于思考的能力；
2. 树立学生终生学习的意识和能力。

小贴士：

我们要大力弘扬“锐意进取、求真务实、大胆实践、敢于突破”的精神，在苦干实干中锻造自己，苦练本领，为中国石油建设作贡献。

【案例导入】

渤海某油田的某井采用深部控水、正堵返驱思路，设计两级段塞：先注入驱油段塞，一方面清洗通道，另一方面在返排时利用驱油剂发挥乳化驱油作用；之后注入堵水段塞，利用低阻凝胶体系封堵高渗通道，方案设计总用量为 1 600 m^3，堵水作业后，测试视吸水指数下降明显，同时产液指数下降［由 101 m^3/(MPa·d) 下降至 6 m^3/(MPa·d)］，水窜通道得到有效的封堵，较堵水前，含水下降 5%，产油增加 20 倍以上，8 个月累计增油 3 080 m^3，深部堵水效果明显。

【知识储备】

堵水概述

1. 堵水概述

学习微课“堵水概述”。

2. 堵水的方法

堵水就是控制水油比或控制产水，其实质是改变水在地层中的流动特性，即改变水在地层中的渗透规律。堵水剂一般是指用于生产井堵水的处理剂，调剖剂则是用于注水井调整吸水剖面的处理剂。堵水作业根据施工对象的不同，分为油井（生产井）堵水和水井（注入井）调剖两类，其目的是补救油井的固井技术状况和降低水淹层的渗透率（调整流动剖面），提高油层的采收率。油田中采用的堵水方法可分为机械堵水和化学堵水两类。

1）机械堵水

机械堵水是使用封隔器及其配套的控制工具来封堵高含水产水层，以解决油井各油层间的干扰或调整注入水的平面驱油方向，以达到提高注入水驱油效率、增加产油量、减少出水量的目的。我国已在自喷采油和机械采油等生产井上形成一套机械堵水技术，成为注水开发油田提高开发效果的一项重要技术。

1994 年国外研制了一种机械堵水新工艺，该工艺建立在可就地聚合的树脂基础上，1997 年 10 月在 Forties 三角洲 4－1 井上第一次应用该项技术封堵产水层。其原理是：利用可膨胀坐封元件（ISE）将组合套筒送入井中。组合套筒由热固树脂和碳纤维制成，因而在送入井眼时会很柔软并可变形。当该工具与要处理的作业层相对时，可膨胀坐封元件就会膨胀，把组合套筒推至紧贴套管内壁的预定位置，加热使树脂发生聚合反应。然后，可膨胀坐封元件收缩并拔离组合套筒，而在套管里留下一个硬的耐压衬里。该法在油田中起到了较好的堵水效果，可作为一种经济、有效地降低非期望采水量的措施。

2）化学堵水

化学堵水是利用化学堵水剂的化学作用对出水层造成堵塞。将化学剂经油井注入高渗透出水层段，降低近井地带的水相渗透率，减少油井出水，增加原油产量的一整套技术称为油井化学堵水技术。我国各油田已在现场使用过的油井化学堵剂就目前应用和发展情况看，主要是化学堵水。根据堵水剂对油层和水层的堵塞作用，化学堵水可分为非选择性堵水和选择性堵水。非选择性堵水是指堵剂在油井层中能同时封堵油层和水层的化学堵水；选择性堵水是指堵剂只与水起作用，而不与油起作用，故只在水层造成堵塞而对油层影响甚微。

3）堵水方法的选择

对付异层水，在可能的情况下应采取将水层封死的方法。同层水进入油井是不可避免的，边水内浸、底水锥进、注采失调是注入水效率低、油井含水率上升、原油产量大幅度下降的根源，所以对油井出水应及时采取措施，以达到缓出水、少出水和降低含水率上升速度的目的。

正确地选择堵水工艺和堵水剂应能保证：

（1）挤入地层的堵水剂能充满油井近井地带，并按设计留有一定的孔隙和通道，而且在工艺可接受的期限内形成最佳结构状态。

（2）形成足够强度的封隔层，可承受生产时的设计压差，保持或改善原油在生产层中的渗透条件。

（3）在不降低堵水效果的前提下最大限度地减少施工次数和简化工艺工序，减轻对施工人员的人身伤害，并防止残液排放污染环境。

在套管外水泥环不能保证把油水层封隔开的情况下，必须预先注入可渗透性的堵剂，在水层的近井地带建立隔板，扩大封隔带。为了保护近井地带的油层，必须寻找有利于应用选择性堵水剂的地质工艺条件，保障在含水层和含水通道形成选择性堵水结构。

3. 冻胶

冻胶指液体含量很多的凝胶，含液量常在90%以上，所含液体为水时称为水凝胶（Hydrogel），液体含量少的凝胶称为干凝胶（Xerogel），通常干凝胶中的液体含量少于固体含量。

冻胶是由范德华力交联形成的，加热可以拆散这种范氏力的交联使冻胶溶解。冻胶分为以下两种。

（1）分子内冻胶：如果这种交联发生在分子链内，则这种溶液是黏度小但浓度高的浓溶液，分子链自身卷曲，不易取向，在配纺丝液时要防止这种情况发生，否则用这种溶液纺丝得不到高强度的纤维。

（2）分子间冻胶：如果这种交联发生在分子链之间，则此溶液浓度大、黏度大，因此用同一种高聚物配成相同浓度的溶液，可以获得黏度相差很大的两种冻胶。

4. 微球

微球（Microsphere）是指药物分散或被吸附在高分子、聚合物基质中而形成的微粒分散体系。制备微球的载体材料很多，主要分为天然高分子微球（如淀粉微球、白蛋白微球、明胶微球、壳聚糖等）和合成聚合物微球（如聚乳酸微球）。

微球粒径范围一般为1～500 μm，小的可以是几纳米，大的可达800 μm，其中粒径小于500 μm的，通常又称为纳米球（Nanospheres）或纳米粒（Nanoparticles），属于胶体范畴。

化学堵水作业操作规程

1）作业准备

（1）收集施工井基本数据。

（2）分层找水。

（3）编写施工设计。

（4）按设计要求准备施工设备，并根据情况采用活动式或固定式设备。

①活动式设备。

a. 300—500 型的高压泵车；

b. 罐车；

c. 高压管汇。

②固定式设备。

a. 固定罐；

b. 罐车；

c. 低压过滤器；

d. 高压水表；

e. 高压泵。

③按设计要求准备井下管柱。

2）作业程序

（1）探砂面。若超高，则进行冲砂。

（2）验证化堵层上、下夹层是否串槽。

（3）按设计要求下化堵管柱。

（4）磁性定位检查封隔器卡点深度。

（5）装好井口，连接好地面管线，设备试运转。地面管线按设计压力的 1.5 倍试压，均无刺漏为合格。

（6）试挤。以验证封隔器密封情况，确定化堵层吸水能力及挤注堵剂的泵压和排量。

（7）按设计要求注入堵剂。

（8）按设计要求顶替。

（9）关井候凝。

（10）封隔器解封后，起出化堵管柱。

（11）管柱钻冲砂至人工井底，起出管柱。

（12）通井至人工井底。

（13）下管柱对封堵层试压合格。

（14）按设计要求下生产管柱生产。

3）质量控制及安全要求

（1）试挤时，确认封隔器密封后方可注堵剂。

(2) 挤注压力控制在破裂压力以下，以防压开水层。

(3) 注堵剂过程中，不得停泵或擅自换挡及增减油门。

(4) 候凝期内严禁放喷作业，以防堵剂反吐。

(5) 起化堵管柱时，在封隔器解封后试提管柱，指重数值在正常值范围内方可起管柱。

(6) 按设计要求施工，准确计量各剂量。

(7) 取全、取准各项资料。

【任务实施】

任务工作单如表4.1所示。

表4.1　任务工作单

<table>
<tr><td colspan="5">任务工作单</td></tr>
<tr><td colspan="5">姓名：________　　班级：________　　组号：________</td></tr>
<tr><td colspan="5">分组情况</td></tr>
<tr><td>序号</td><td>学号</td><td>姓名</td><td>角色</td><td>职责</td></tr>
<tr><td></td><td></td><td></td><td></td><td></td></tr>
<tr><td></td><td></td><td></td><td></td><td></td></tr>
<tr><td></td><td></td><td></td><td></td><td></td></tr>
<tr><td></td><td></td><td></td><td></td><td></td></tr>
<tr><td></td><td></td><td></td><td></td><td></td></tr>
<tr><td colspan="5">工作过程</td></tr>
<tr><td>序号</td><td>工作内容</td><td colspan="2">完成情况</td><td>备注</td></tr>
<tr><td>1</td><td>分析油井在生产过程中出水的原因</td><td colspan="2"></td><td></td></tr>
<tr><td>2</td><td>分析堵水作用机理</td><td colspan="2"></td><td></td></tr>
</table>

续表

工作过程			
序号	工作内容	完成情况	备注
3	分析各类型堵水剂适宜的工况		
4	分析化学堵水的优点		
出现问题		解决办法	

【任务评价】

任务评价表如表 4.2 所示。

表 4.2　任务评价表

小组名称						
组长		组员				
评价内容		分值	自评	互评	教师评价	
组长组织工作（10 分）	1. 能平均、合理地分配任务	3				
	2. 能及时组织小组决策，把握进度	3				
	3. 能做好材料的收集、整理工作	4				

续表

评价内容		分值	自评	互评	教师评价
知识学习情况（20分）	1. 能够正确理解堵水作用机理	10			
	2. 能够分析油井在生产过程中出水的原因	10			
技能习得情况（20分）	1. 能够判断各种应用场景的堵水	10			
	2. 能够合理选择、分析化学堵水	10			
小组合作情况（20分）	1. 每个成员都能积极地参与小组活动	5			
	2. 每个成员都有自己明确的任务，并能认真地完成任务	5			
	3. 小组成员间能认真倾听，互助互学	5			
	4. 小组合作氛围愉快，合作效果好	5			
素质能力表现（20分）	1. 具有克服困难、迎难而上的勇气	5			
	2. 具有精益求精的工匠精神	5			
	3. 具有爱岗敬业的精神	10			
创新能力（10分）	应用创新思维、创新方法进行创新的能力较强，分析和解决问题的能力较好	10			
总分					
最后得分					

【拓展学习】

1. 学习延迟交联技术专利“堵调用聚乙烯亚胺交联延缓剂”，写出交联用聚合物和交联剂及交联条件。

____

____

____

____

____

堵调用聚乙烯亚胺交联延缓剂

2. 分析冻胶的形成条件。

____

____

____

____

3. 分析堵水方法的使用条件。

任务十七 应用选择性堵水剂

【任务描述】

海外河油田属高孔中高渗透油藏，平均孔隙度为 28.7%，平均空气渗透率为 $744\times10^{-3}\ \mu m^2$，含油井段长，层数多，单层厚度薄，具有多套油水组合。在注水开发过程中受储层非均质性、油水黏度比的影响，生产过程中注水突进严重，油井含水上升。在改造过程中，需用到选择性堵水剂封堵高渗孔道，请根据该油水井的特征，完成选择性堵水剂的正确选用，并提供选用依据。

【任务目标】

知识目标

1. 理解并熟记选择性堵水剂的分类特点；
2. 理解并熟记选择性堵水剂的作用机理。

能力目标

1. 能够根据现场需求选择合适的选择性堵水剂；
2. 能够分析选择性堵水剂的作用机理。

素养目标

1. 养成学生科学探究能力、科学思维和创新意识；
2. 养成学生的自我意识和社会责任感。

小贴士：

我们应积极进取，加大石油行业技术的创新力度，提高石油行业的核心竞争力，实现绿色发展。作为石油人，我们要抓住机遇，把握趋势，勇挑重担，解决问题，克服一切困难，提升自己的技能。

【案例导入】

应用冻胶微球选择性堵水技术，在海外河油田共试验 7 口井，措施有效率为 100%，累计增油为 2 390 t，降水为 7 665 m^3；平均单井增油为 341 t，降水为 1 095 m^3，平均生产天数为 180 d。海外河油田堵水的成功说明冻胶微球在选择性堵水中具有重要的作用。

【知识储备】

1. 选择性堵水剂

学习微课“选择性堵水剂”上、下。

“选择性堵水剂”上、下

2. 选择性堵水剂的作用

选择性堵水是指在调剖堵水中，运用工艺技术手段，而不是靠堵剂本身的自然选择功能来达到堵剂有选择地进入要求封堵的层段，使堵剂不进入或少进入不需要封堵的中低渗透地层。所用的堵水剂只与水起作用，故只在水层造成堵塞而对油层影响甚微，或者可以改变油、水、岩石之间的界面特性，降低水相渗透率，从而降低油井出水率。作为堵水剂中主剂的聚合物主要是一些水溶性聚合物，包括聚丙烯酰胺、生物聚合物、木质素、聚丙烯腈以及聚苯乙烯磺酸盐等。

油井选择性堵水剂适用于不易用封隔器将油层与待封堵水层分开时的施工作业。目前所采用的选择性堵水剂不尽相同，但它们都是利用油和水、出水层和出油层之间的差异进行堵水。这类堵剂并不是只堵水层不堵油层，实际上它对油、水都堵，只是使水相渗透率的降低远大于对油的渗透率的影响。这类堵剂按分散介质的不同分为三类，即水基堵剂、油基堵剂和醇基堵剂，它们分别以水、油和醇作溶剂配制而成。

3. 凝胶

溶胶或溶液中的胶体粒子或高分子在一定条件下互相连接，形成空间网状结构，结构空隙中充满了作为分散介质的液体（在干凝胶中也可以是气体，干凝胶也称为气凝胶），这样一种特殊的分散体系称作凝胶。凝胶没有流动性，内部常含有大量液体，例如血凝胶、琼脂的含水量都可达99%以上。凝胶通常可分为弹性凝胶和脆性凝胶两类。弹性凝胶失去分散介质后，体积显著缩小，而当重新吸收分散介质时，体积又重新膨胀，例如明胶等。脆性凝胶失去或重新吸收分散介质时，形状和体积都不改变，例如硅胶等。由溶液或溶胶形成凝胶的过程称为胶凝作用（Gelation）。

【任务实施】

任务工作单如表4.3所示。

表4.3　任务工作单

任务工作单				
姓名：______		班级：______		组号：______
分组情况				
序号	学号	姓名	角色	职责

续表

工作过程			
序号	工作内容	完成情况	备注

工作过程			
序号	工作内容	完成情况	备注
1	选择性堵水剂可以分为哪几类？请说明		
2	水基选择性堵水剂可以分为哪几类？是如何选择性堵水的？请说明		
3	油基选择性堵水剂可以分为哪几类？是如何选择性堵水的？请说明		
4	醇基选择性堵水剂是如何选择性堵水的？请说明		

续表

工作过程			
序号	工作内容	完成情况	备注
出现问题		解决办法	

【任务评价】

任务评价表如表4.4所示。

表4.4 任务评价表

小组名称					
组长		组员			
评价内容		分值	自评	互评	教师评价
组长组织工作（10分）	1. 能平均、合理地分配任务	3			
	2. 能及时组织小组决策，把握进度	3			
	3. 能做好材料的收集、整理工作	4			
知识学习情况（20分）	1. 能够正确理解选择性堵水剂的堵水机理	10			
	2. 能够熟记各种选择性堵水剂	10			
技能习得情况（20分）	1. 能够判断各种应用场景的选择性堵水剂	10			
	2. 能够合理选择选择性堵水剂	10			
小组合作情况（20分）	1. 每个成员都能积极地参与小组活动	5			
	2. 每个成员都有自己明确的任务，并能认真地完成任务	5			
	3. 小组成员间能认真倾听，互助互学	5			
	4. 小组合作氛围愉快，合作效果好	5			

续表

评价内容		分值	自评	互评	教师评价
素质能力表现（20 分）	1. 具有克服困难、迎难而上的勇气	5			
	2. 具有精益求精的工匠精神	5			
	3. 具有爱岗敬业的精神	10			
创新能力（10 分）	应用创新思维、创新方法进行创新的能力较强，分析和解决问题的能力较好	10			
总分					
最后得分					

【拓展学习】

1. 学习专利“堵水剂的延迟交联技术”，写出其延迟交联技术要点。

堵水剂的延迟交联技术

2. 学习中华人民共和国石油天然气行业标准 SY/T 5923—2012《油井堵水作业方法》《水玻璃—氯化钙堵水及调剖工艺作法》，了解施工要求和规范。

SY/T 5923—2012

3. 分析选择性堵水剂的使用条件。

4. 凝胶有哪些类型？

任务十八　应用非选择性堵水剂

【任务描述】

孤岛油田中二北馆5单元热采单元已经过多轮次蒸汽吞吐热采，目前大部分进入高含水开采时期；油藏非均质性强，存在高渗透带，边底水活跃。在改造过程中，需用到适合热采井堵水的堵剂。请根据该油水井的特征，完成非选择性堵水剂的正确选用，并提供选用依据。

【任务目标】

知识目标

1. 理解并熟记非选择性堵水剂的分类特点；
2. 理解并熟记非选择性堵水剂的作用机理。

能力目标

1. 能够根据现场需求选择合适的非选择性堵水剂；
2. 能够分析非选择性堵水剂的作用机理。

素养目标

1. 养成学生善于分析、勇于思考的科学精神；
2. 养成学生的自我担当和团队合作精神。

小贴士：

我们要在新时期立足资源战略，全力打好油气增储上产进攻战，实现油气储量持续增长、产量较快增长，努力保障国家能源安全。

【案例导入】

硅酸凝胶堵水剂FH－01用于孤岛油田中二北馆5单元4口井的堵水，累计注入堵水剂FH－01共440 m^3，平均单井注入110 m^3。实施堵水措施后单井平均日增油10.9 t，含水下降16.6%，本生产周期平均单井增油1 023.6 t，累计增油4 094.3 t。

【知识储备】

非选择性堵水剂

1. 非选择性堵水剂

学习微课“非选择性堵水剂”。

2. 硅酸钠

硅酸钠又称泡花碱，是一种无机物，化学式为$Na_2O \cdot nSiO_2$，其水溶液又称水玻璃，是一种矿黏合剂。它是一种可溶性的无机硅酸盐，具有广泛的用途。硅酸钠中的模数为：$n = SiO_2/Na_2O$（摩尔比），模数显示了硅酸钠的组成，是硅酸钠的重要参数，一般为1.5~3.5。

硅酸钠的模数越大，固体硅酸钠越难溶于水，n 为1时常温水即能溶解，n 加大时需热水才能溶解，n 大于3时需4个大气压以上的蒸汽才能溶解。硅酸钠模数越大，Si含量越多，硅酸钠黏度增大，易于分解硬化，黏结力增大，而且不同模数的硅酸钠聚合程度不同，从而导致其水解产物中对生产应用有着重要影响的硅酸组分也有重大差异，因此不同模数的硅酸钠有着不同的用处。

【任务实施】

任务工作单如表4.5所示。

表4.5 任务工作单

任务工作单				
姓名：______		班级：______		组号：______
分组情况				
序号	学号	姓名	角色	职责
1	分析非选择性堵水剂的适宜工况			
2	分析案例中硅酸钠在非选择性堵水剂中的作用			
3	分析非选择性堵水剂的堵水机理			

续表

工作过程			
序号	工作内容	完成情况	备注
出现问题		解决办法	

【任务评价】

任务评价表如表4.6所示。

表4.6 任务评价表

<table>
<tr><td>小组名称</td><td colspan="6"></td></tr>
<tr><td>组长</td><td></td><td>组员</td><td colspan="4"></td></tr>
<tr><td colspan="3">评价内容</td><td>分值</td><td>自评</td><td>互评</td><td>教师评价</td></tr>
<tr><td rowspan="3">组长组织工作（10分）</td><td colspan="2">1. 能平均、合理地分配任务</td><td>3</td><td></td><td></td><td></td></tr>
<tr><td colspan="2">2. 能及时组织小组决策，把握进度</td><td>3</td><td></td><td></td><td></td></tr>
<tr><td colspan="2">3. 能做好材料的收集、整理工作</td><td>4</td><td></td><td></td><td></td></tr>
<tr><td rowspan="2">知识学习情况（20分）</td><td colspan="2">1. 能够正确理解非选择性堵水剂的堵水机理</td><td>10</td><td></td><td></td><td></td></tr>
<tr><td colspan="2">2. 能够熟记各种非选择性堵水剂</td><td>10</td><td></td><td></td><td></td></tr>
<tr><td rowspan="2">技能习得情况（20分）</td><td colspan="2">1. 能够判断各种应用场景的非选择性堵水剂</td><td>10</td><td></td><td></td><td></td></tr>
<tr><td colspan="2">2. 能够合理选择非选择性堵水剂</td><td>10</td><td></td><td></td><td></td></tr>
<tr><td rowspan="4">小组合作情况（20分）</td><td colspan="2">1. 每个成员都能积极地参与小组活动</td><td>5</td><td></td><td></td><td></td></tr>
<tr><td colspan="2">2. 每个成员都有自己明确的任务，并能认真地完成任务</td><td>5</td><td></td><td></td><td></td></tr>
<tr><td colspan="2">3. 小组成员间能认真倾听，互助互学</td><td>5</td><td></td><td></td><td></td></tr>
<tr><td colspan="2">4. 小组合作氛围愉快，合作效果好</td><td>5</td><td></td><td></td><td></td></tr>
</table>

续表

评价内容		分值	自评	互评	教师评价
素质能力表现（20 分）	1. 具有克服困难、迎难而上的勇气	5			
	2. 具有精益求精的工匠精神	5			
	3. 具有爱岗敬业的精神	10			
创新能力（10 分）	应用创新思维、创新方法进行创新的能力较强，分析和解决问题的能力较好	10			
总分					
最后得分					

【拓展学习】

1. 搜集非选择性堵水技术应用案例，分析其堵水机理。

2. 分析非选择性堵水剂的使用条件。

3. 写出配制一份 100 g 的硅酸钠的方法。

任务十九　制备水膨体堵水剂

【任务描述】

胜坨油田油藏温度较高（55～135 ℃），地层水矿化度高（1.5×10^4～7.0×10^4 mg/L，其中 Ca^{2+}、Mg^{2+}：200～2 200 mg/L），针对其油田温度高、矿化度高等复杂地质条件，在改造过程中，需要从聚合物分子设计出发合成适用的水膨体堵水剂，完成堵水剂的性能评价，并进行现场试验。

【任务目标】

知识目标

1. 理解并熟记 HPAM 冻胶交联机理；
2. 理解并熟记水膨体堵水剂的配制方法和原理。

能力目标

1. 能够团队合作设计实验步骤并完成实验；
2. 能够独立操作相关仪器并进行数据分析和处理。

素养目标

1. 养成学生自我担当和团队合作精神；
2. 养成学生劳动精神。

小贴士：

党的二十大报告指出“推进新型工业化，加快建设制造强国、质量强国、航天强国、交通强国、网络强国、数字中国。”现代化产业体系的建立需要我们每个人秉承强国观念，从我做起、从点滴做起，脚踏实地，做好每一份工作、每一件事。

【案例导入】

针对胜坨油田温度高、矿化度高等复杂地质条件，选择合适的聚合物、交联剂、无机支撑剂，合成一种有机体系和无机体系融为一体的新型耐温抗盐预交联水膨体，用正交试验优化了预交联水膨体配方。室内考察了不同介质和温度的吸液率、热稳定性、吸液速率等因素，在胜坨 28 断块西南井区现场试用，31038 井的产油量由 9.4 t/d 上升到 14.8 t/d，含水率由 93% 下降到 93.1%；31068 井的产油量由 16.4 t/d 上升到 24.8 t/d，含水率由 94.5% 下降到 90.5%。说明水膨体颗粒遇水膨胀后，在注入压力和剪切力的驱动作用下产生了形变和破碎，发生了继续向油层深部运移的过程，达到了油井堵水的目的。

【知识储备】

水膨体堵水剂的评价

1. 水膨体堵水剂的评价

学习微课“水膨体堵水剂的评价”。

2. 铝交联技术

对低渗透层，在HPAM溶液段塞前后注交联剂（硫酸铝或柠檬酸铝）溶液，先注入的交联剂可减少砂岩表面的负电荷，甚至可将它转变成正电性，提高地层表面对后来注入的HPAM的吸附强度，后注入的交联剂可使已经吸附的HPAM分子横向交联起来而不易被水所带走。

对高渗透层，可用同样方法反复处理，产生更多的吸附层，形成积累膜。由于积累膜的厚薄是根据地层的渗透率及处理的次数决定的，所以此方法可使HPAM用在不同渗透率的地层。上述交联体系，pH值应控制在4～7之间。

研究表明：pH值在4～7之间，大部分聚合物链上的羟基是离子化羟基，易与铝交联；当pH小于4时，大部分聚合物链上的羟基不能与铝交联；当pH大于7时，Al^{3+}生成$Al(OH)_3$，不能提供与羟基交联的铝。

目前国内外使用这类堵水剂主要有以下几类：

（1）HPAM/甲醛：以甲醛为交联剂的聚丙烯酰胺冻胶堵水剂。

（2）HPAM/Cr^{3+}（无机铬离子、有机铬离子）：这类堵水剂所用交联剂为Cr^{3+}，如在体系中添加不同的热稳定剂又可得到中温、高温铬冻胶及混合型冻胶等多种产品。

（3）HPAM/柠檬酸铝堵水剂：柠檬酸铝是柠檬酸根离子和铝离子的络合物，当聚合物和柠檬酸铝混合后，柠檬酸铝络合物逐渐释放出铝离子，铝离子再与聚合物分子逐渐发生交联反应，体系具有延迟交联的特点。

（4）HPAM/Zr^{4+}：这是以锆离子为交联剂的双液法注入堵水剂，形成的冻胶与砂粒间有良好的黏接依附性。

（5）HPAM/乌洛托品－对苯二酚堵水剂：这也是可溶性酚醛树脂交联的HPAM冻胶堵水剂，耐温性好。

以上这些堵水剂在国内辽河、胜利、华北、吉林等油田已经应用。

3. HPAM及其应用

1）水处理领域

HPAM可用于污水处理中的污泥脱水，主要用作工业水处理中的配方。原水处理可以用有机絮凝剂代替无机絮凝剂，即使不改造沉淀池，其净水能力也可提高20%以上。

2）造纸领域

HPAM可以提高纸的质量、纸浆的脱水性能、细纤维和填料的保留率，同时减少原材料的消耗和环境污染。此外，它还用于造纸废水处理和纤维回收。

3）纺织印染业

在纺织行业中，HPAM可以作为织物后处理的上浆剂和整理剂，使其形成柔韧、抗皱、防霉的保护层；利用其强吸湿性的特点，可以降低细纱的断头率；用作印染助剂时，可使产品具有高附着牢度和高亮度。此外，其还可用于净化纺织印染污水。

4）石油生产领域

HPAM 主要用于石油开采中的钻井液材料和提高石油采收率，广泛应用于钻井、完井等油田开采作业中，具有增黏、降滤失、流变调整和凝胶化等功能。

除此之外，HPAM 涉及很多行业，比如洗煤、制糖、医药、建材等。HPAM 分为阳离子和阴离子，选择时要了解两者的区别和作用，然后根据自己的需要和实际情况选择。

【任务实施】

1. 设计实验方案

根据课前观看的微课，设计实验步骤。

____

____

____

____

2. 准备实验材料

实验材料的准备包含仪器设备的预热、材料的处理、各种溶液的配制及用量等内容，学生要能准备实验材料。通过实验材料的准备，使学生掌握仪器的准备、操作，并掌握各种溶液的配制及相关计算。

仪器：水浴锅、相关玻璃仪器、烘箱、筛子。

药品：HPAM、氢氧化钠、盐酸、金属离子交联剂。材料准备如表 4.7 所示。

表 4.7　材料准备表

实验材料准备		准备工作
仪器设备	电子天平	
	水浴锅	
	玻璃仪器	
	钢片处理	
溶液配制	聚合物溶液配制	交联剂________g 溶剂水________mL
	交联剂溶液配制	交联剂________g 溶剂水________mL

3. 进行实验操作

实验实施中，学生要合理安排实验内容，有分工、有合作，提高工作效率。其中包括各种仪器的规范操作及溶液配制的规范操作，培养学生细致认真的科学精神和实践精神。

____

____

____

____

____

4. 分析实验数据

实验结束后按照要求处理钢片，根据实验前后水膨体质量变化即可计算水膨体的吸水膨胀系数。实验数据是化学剂评价的主要依据，学生要懂得分析实验数据（见表4.8和表4.9），根据实验结果，学生能分析出该水膨体的最大吸水膨胀系数（见图4.1），确定该水膨体的条件（见图4.2）。

表4.8　水膨体最大吸水膨胀系数

试验编号	水膨体质量		吸水膨胀倍数
	实验前质量	实验后质量	
1			
2			
3			
4			
5			

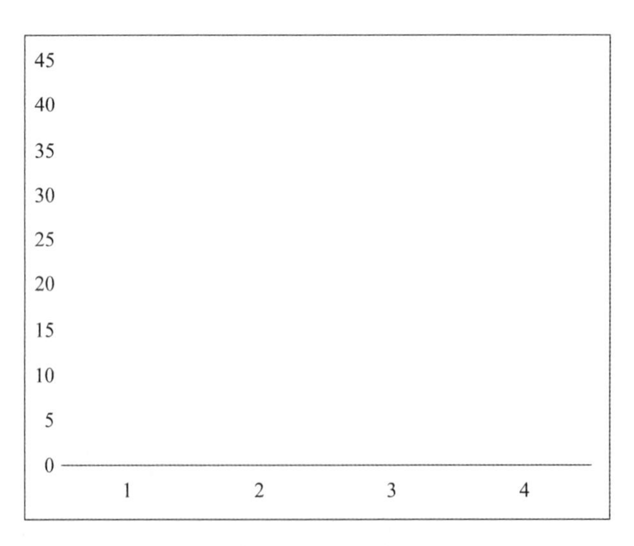

图4.1　水膨体最大吸水膨胀系数分析

表 4.9　温度对水膨体吸水系数的影响

试验编号	水膨体质量		吸水膨胀倍数
	实验前质量	实验后质量	
1			
2			
3			
4			
5			

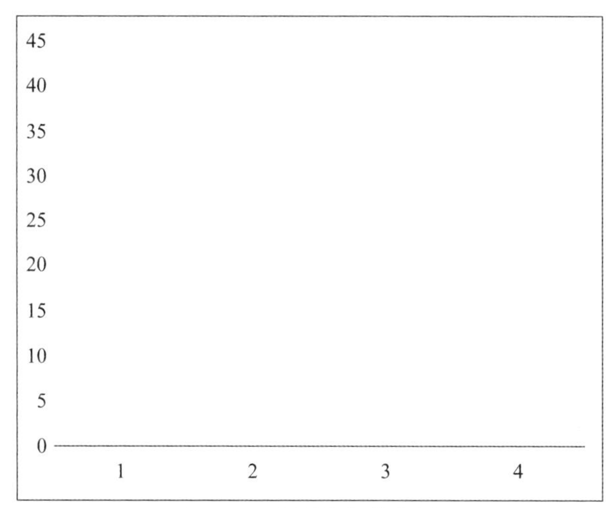

图 4.2　水膨体条件分析

【任务评价】

任务评价表如表 4.10 所示。

表 4.10　任务评价表

<table>
<tr><td>小组名称</td><td colspan="6"></td></tr>
<tr><td>组长</td><td></td><td>组员</td><td colspan="4"></td></tr>
<tr><td colspan="2">评价内容</td><td>分值</td><td>自评</td><td>互评</td><td>教师评价</td></tr>
<tr><td rowspan="3">组长组织工作
（10 分）</td><td>1. 能平均、合理地分配任务</td><td>3</td><td></td><td></td><td></td></tr>
<tr><td>2. 能及时组织小组决策，把握进度</td><td>3</td><td></td><td></td><td></td></tr>
<tr><td>3. 能做好材料的收集、整理工作</td><td>4</td><td></td><td></td><td></td></tr>
<tr><td rowspan="2">知识学习情况
（20 分）</td><td>1. 能够正确理解水膨体堵水剂制备方法</td><td>10</td><td></td><td></td><td></td></tr>
<tr><td>2. 能够熟记水膨体膨胀倍数测定方法</td><td>10</td><td></td><td></td><td></td></tr>
</table>

续表

评价内容		分值	自评	互评	教师评价
技能习得情况（20分）	1. 能够独立、完整地进行水膨体所需各种溶液的配制	10			
	2. 能够独立、完整地进行膨胀倍数的计算	10			
小组合作情况（20分）	1. 每个成员都能积极地参与小组活动	5			
	2. 每个成员都有自己明确的任务，并能认真地完成任务	5			
	3. 小组成员间能认真倾听，互助互学	5			
	4. 小组合作氛围愉快，合作效果好	5			
素质能力表现（20分）	1. 具有克服困难、迎难而上的勇气	5			
	2. 具有精益求精的工匠精神	5			
	3. 具有爱岗敬业的精神	10			
创新能力（10分）	应用创新思维、创新方法进行创新的能力较强，分析和解决问题的能力较好	10			
总分					
最后得分					

【拓展学习】

1. 查找水膨体的膨胀倍率测试方法，比较各种方法的不同之处。

2. 学习中华人民共和国石油天然气行业标准 SY/T 5590—2004《调剖剂性能评价方法》，了解调剖剂性能评价指标和方法。

https://max.book118.com/html/2019/0129/5100210144002004.shtm

SY/T 5590—2004

3. 写出配制 100 mL 0.2% HPAM 溶液的方法。

4. 写出配制 100 mL 交联剂溶液的方法。

课后练习

一、选择题

1. 化学堵水可改变油、水、岩石之间的界面张力，降低油水同层的（　　）。

A. 含水　B. 水相渗透　C. 残余阻力　D. 孔隙度

2. 油井高含水的危害可导致（　　）。

A. 大修　B. 检泵

C. 小修　D. 经济效益下滑

3. 选择性堵水是指通过油井向生产层注入适当的化学剂堵塞（　　）。

A. 水层　B. 油层　C. 干层　D. 井筒

4. 水基堵剂是选择性堵剂中应用最广、品种最多、成本较低的一类堵剂。以下不属于水基堵剂的是（　　）。

A. 水溶性聚合物　B. 泡沫

C. 皂类　D. 烃类卤代甲硅烷

5. 以下关于树脂型堵剂说法错误的是（　　）。

A. 堵剂容易挤入，封固强度大　B. 费用低，误堵后处理简单

C. 适用于高渗透地层　D. 适用于高温地层

6. 油井堵水的目的是（　　）。

A. 控制产水层中水的流动和改变水驱中水的流动方向，提高水驱油效率

B. 使油田的产水量在某一时间内下降或稳定，以保持油田增产或稳产

C. 提高油田采收率

D. 控制产水层中水的流动和改变水驱中水的流动方向，提高水驱水效率

7. 油井堵水主要有哪两种方法？（　　）

A. 机械堵水　B. 封下采上

C. 化学堵水　D. 封中间采两头

8. 化学堵水就是利用堵剂的（　　），使堵剂与油层中的水发生物理化学反应，生成的产物封堵油层出水。

A. 物理性质　B. 稳定性

C. 化学性质　D. 物理化学性质

9. 选择性堵水是化学堵水的一种，具有（　　）的特点。

A. 堵水层不堵油层　B. 堵油层不堵水层

C. 不堵油层不堵水层　D. 既堵油层也堵水层

10. 化学堵水剂对于（　　）地层，厚层底部出水更为有效。

A. 低渗透　B. 裂缝　C. 胶结致密　D. 低孔隙度

二、判断题

1. 机械堵水是使用封隔器及其配套的控制工具来封堵高含水层，阻止水流入井内。（　　）

2. 化学堵水是向低渗透出水层段注入化学药剂，药剂在地层孔隙中凝固或膨胀后降低近井地带的水相渗透率，减少油井含水层的出水量，达到堵水的目的。（　　）

3. 上层水、下层水及夹层水是从油层以外来的水，往往是由于固井质量不高，导致油、水窜层，套管损坏或误射水层而造成的。（　　）

4. 注水井按功能可分为分层注入井和单层注入井。（　　）

5. 堵水作业按施工对象的不同，可分为油井堵水和水井调剖两类。（　　）

三、思考题

1. 油井出水的危害有哪些？

2. HPAM 选择性堵水的原理是什么？

3. 油井找水方法有哪些？

4. 非选择性堵水剂可以分为哪几类？

5. 选择性堵水剂可以分为哪几类？

模块五　清防蜡施工

任务二十　熟悉清防蜡技术

【任务描述】

油井开发之前，蜡完全溶解在原油中。在油井开采过程中，原油从油层流入井底，在从井底沿井筒举升到井口时，压力、温度随之逐渐下降，致使石蜡结晶析出聚集凝结并黏附于油井设施的金属表面，即油井结蜡。列举油井结蜡的危害并采取相应的清防蜡措施。

【任务目标】

知识目标

1. 理解并熟记原油防蜡的方法和原理；
2. 理解并熟记原油清蜡的方法和原理。

能力目标

能够分析原油结蜡原因。

素养目标

养成学生创新能力，鼓励学生勇于探索。

小贴士：

党的二十大报告强调“加强基础研究，突出原创，鼓励自由探索。”我们每一位学生都需要在知识的海洋里自由探索，没有功利心地去学习，坚信条条大路通罗马，也许你选的道路曲曲折折，但总会到达终点。

【案例导入】

下面是一些“世界石油之最”。

（1）最早提出“石油”一词的是公元977年中国北宋编著的《太平广记》。“石油”最早是由中国北宋杰出的科学家沈括（1031—1095）在所著的《梦溪笔谈》中根据这种油

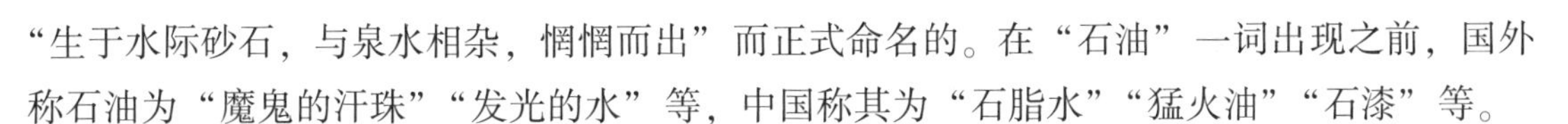

"生于水际砂石，与泉水相杂，惘惘而出"而正式命名的。在"石油"一词出现之前，国外称石油为"魔鬼的汗珠""发光的水"等，中国称其为"石脂水""猛火油""石漆"等。

（2）世界上最早的油井是古波斯首都苏萨附近的阿尔利卡地区的油井，2 500 多年前就开始采油。

（3）20 世纪 70 年代，世界上最深的油井是美国的勃尔兹·罗杰斯一号井，井深 9 583 m，1972 年 1 月 25 日开钻至 1974 年 5 月完钻；1992 年是位于苏联科拉半岛（今俄罗斯境内）上的科拉 3 井（CY—3），设计于 1966 年，1970 年开钻，至 1992 年 7 月完钻，井深 12 260 m，是世界上目前最深的油井。

（4）世界上单井日产最高的油井是墨西哥黄金巷油区的塞罗·阿泽尔 4 号井，初喷日产油 3. 714 万 t。

（5）世界上最大的油田是沙特阿拉伯的加瓦尔油田，1948 年发现，总面积 2 300 km^2，石油可采储量 112 亿 t，最高年产量 1981 年 2. 8 亿 t。

（6）世界上已探明的储量最大，也是世界上最大的砂岩油田是科威特的布尔干油田，可采储量达 99 亿 t，1928 年发现，1964 年开发，属白垩纪砂岩，面积 700 km^2，油层厚度 1 082 ~1 462 m。

（7）世界上石油储量最多的国家是沙特阿拉伯，石油探明可储量为 226 亿 t，约占世界石油可采储量的四分之一。

（8）世界上探井和生产井最多的国家是美国，1982 年年底共有 280 万口井，占世界总数 73. 7%，其中生产井 60 万口，总进尺 19 亿 m。

（9）世界上最深的油藏是意大利费托姆油田的某油藏，深达 6 212 m，日产油 650 t。

（10）世界上稳产期最长的特高产油井是伊朗加奇萨兰油田 35 号井，1961 年投产时用两根直径 152 mm 的管线出油，日产 1. 66 万 t；1974 年用两根直径 203 mm 的管线出油，日产 1. 9 万 t。

（11）世界上海拔最高的百万吨级油田是中国青海油田，平均海拔 2 900 ~3 000 m（1991 年建成）。

根据了解的世界石油之最，自行查找其他的世界石油之最。

____

____

____

____

____

【知识储备】

1. 油井清防蜡概述

学习微课"油井清防蜡概述"。

油井清防蜡概述

2. 油井结蜡过程

蜡在结晶过程中首先要有一个稳定的晶核（这种晶核通常是高碳蜡的聚集体）存在，这个晶核就成为蜡分子聚集的生长中心。随着原油温度不断降低，熔点比较高的高碳数蜡首先会结晶析出并形成结晶中心，随后越来越多的蜡分子从原油中沉积出来，沉积的蜡分子的浓度也会越来越大，使蜡晶增长。结蜡过程通常分为以下三个步骤：

（1）低于析蜡点温度时，蜡以结晶形式从原油中析出；

（2）温度继续下降，结晶析出的蜡聚集长大；

（3）长大的蜡结晶沉积在管道或设备的表面上。

3. 蜡的结构和结晶形态

油井蜡通常可以分为两大类，即石蜡和微晶蜡（或称地蜡）。

正构烷烃蜡称为石蜡，通常结晶为针状结晶。支链烷烃、长的直链环烷烃和芳烃主要形成微晶蜡，其分子量较大。一般来说，若蜡的碳数高于C20，都会成为油井中潜在的麻烦制造者。石蜡和微晶蜡的基本特性见表5.1。

表5.1　石蜡和微晶蜡的基本特性

特性	石蜡	微晶蜡
正构烷烃/%	80～95	0～15
异构烷烃/%	2～15	15～30
环烷烃	2～8	65～75
熔点范围/℃	50～65	60～90
平均分子量	350～430	500～800
典型碳数范围	18～36	30～60
结晶度范围/%	80～90	50～65

蜡的晶型受蜡的结晶介质的影响，在多数情况下，蜡形成斜方晶格，但改变条件可形成六方形晶格，如果冷却速率比较慢，并存在一些杂质（如胶质、沥青质、其他添加剂），也会形成过渡型结晶结构。斜方晶结构为星状（针状）或板状层（片状）并具有较好的连接行为，易形成大块蜡晶（团）。石蜡的几种主要晶型如图5.1所示。

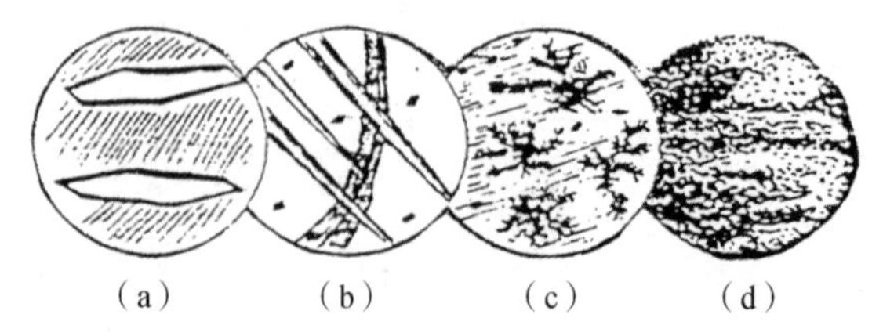

图5.1　石蜡的几种主要晶型

(a) 片状；(b) 针状；(c) 树枝状；(d) 微晶状

4. 影响结蜡的因素

影响结蜡的内因：原油含蜡。影响结蜡的外因：温度、压力、流速、含水率、杂质、结蜡固体表面润湿性及光滑程度等。

（1）原油含蜡是发生结蜡的根本原因，含蜡量越高，结蜡就会越严重，原油中轻质馏分越多，溶蜡能力越强，析蜡温度越低，则越不容易结蜡。

（2）温度对结蜡的影响：当保持在析蜡温度以上时，蜡不会析出，就不会结蜡；而温度降到析蜡温度以下时，原油中开始析出蜡结晶，温度越低，析出的蜡越多。

（3）压力对结蜡的影响：压力主要影响着原油中轻质馏分的溶解情况，溶解于油中的轻组分具有溶蜡能力，当压力下降到低于饱和压力时，轻组分烃类就会从油中分离出来。另外由于气体的体积膨胀需吸收热量，使体系温度下降，故也会使结蜡加剧。

（4）流速对结蜡的影响：流速增加能减少原油在井筒的流动时间，导致油温下降变慢，使悬浮于油中的蜡晶颗粒来不及聚集沉积就被油流带走，结蜡得到缓解。另外由于流速大，还会对管壁具有较大的冲刷作用，析出来的蜡晶不能沉积在管壁上，故而减轻了结蜡速度。

（5）原油中含水对结蜡的影响：原油含水时，会在油管壁上形成水膜，使析出的蜡不容易沉积在管壁上，减缓结蜡。实验结果表明：在50%含水以下的情况下，结蜡的程度随着含水增加而减缓。而当含水增加到75%以上时，会更容易产生水包油乳化液，蜡油被水包住，阻止蜡晶的聚积而不结蜡。

（6）胶质、沥青质对结蜡的影响：胶质、沥青质是活性物质，可以吸附在蜡晶表面，改变蜡晶的结构，阻止蜡晶长大，同时对蜡晶具有分散作用。

（7）机械杂质对结蜡的影响：机械杂质成为活性中心，加速结蜡，使蜡更易沉积出来。

5. 常用的油井清防蜡技术

1）加热清防蜡技术

加热清防蜡技术主要分为电加热和热介质加热两类。基本原理就是利用热能来提高油管或抽油杆的温度（热洗井），达到清防蜡的目的。

加热清防蜡技术的优点：清防蜡效果好，不受原油和沉积蜡性质的影响。缺点：作业设备投入较大，作业成本较高，还可能对地层造成不必要的伤害。两种热洗井流程如图5.2和图5.3所示。

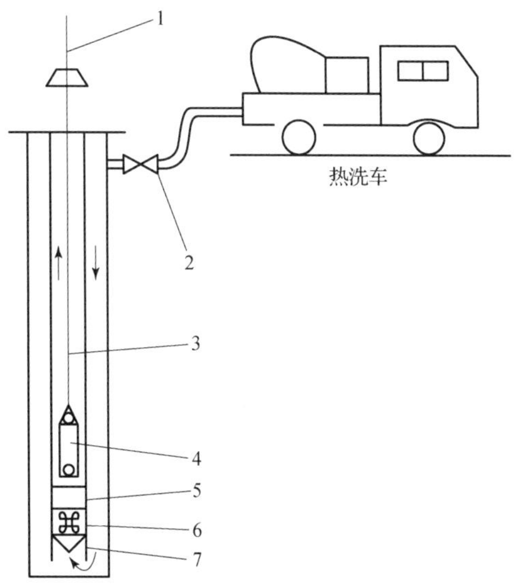

1—光杆；2—洗井阀门；3—抽油杆组合；4—抽油泵；5—尾管；6—筛管；7—导锥或死堵。

图5.2　反循环热洗井流程

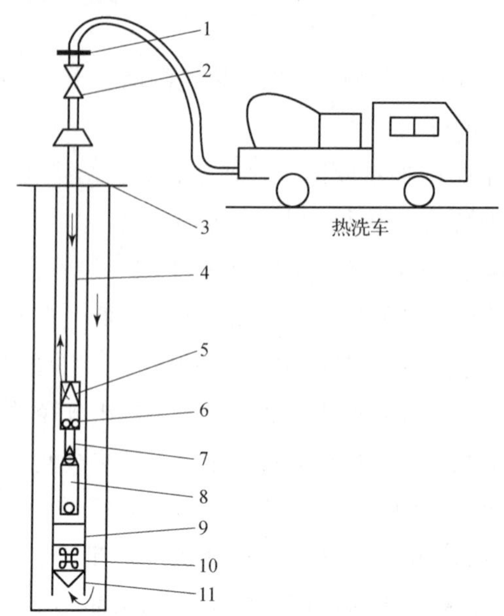

1—快速接头；2—洗井阀门；3—空心光杆；4—空心抽油杆组合；5—洗井单流阀；
6—洗井特殊接头；7—空心抽油杆；8—抽油泵；9—尾管；10—筛管；11—导锥或死堵。

图 5.3　空心抽油杆热洗井流程

2）化学清防蜡技术

化学清防蜡剂由于加药方法简便，使用化学清防蜡剂对油井生产和作业都不会造成任何影响，所以这一清防蜡技术受到油田欢迎。它与加热清防蜡技术配合，成为目前油田使用最广的两种清防蜡方法。

【任务实施】

任务工作单如表 5.2 所示。

表 5.2　任务工作单

任务工作单				
姓名：______		班级：______		组号：______
分组情况				
序号	学号	姓名	角色	职责

续表

工作过程			
序号	工作内容	完成情况	备注
1	分析油井生产过程中结蜡的原因及危害		
2	分析原油结蜡过程		
3	整理油井结蜡预防措施		
4	搜集最新的油井清蜡措施		

出现问题	解决办法

【任务评价】

任务评价表如表 5.3 所示。

表 5.3　任务评价表

小组名称					
组长		组员			
评价内容		分值	自评	互评	教师评价
组长组织工作（10 分）	1. 能平均、合理地分配任务	3			
	2. 能及时组织小组决策，把握进度	3			
	3. 能做好材料的收集、整理工作	4			
知识学习情况（20 分）	1. 能够正确理解原油结蜡过程及危害	10			
	2. 能够正确分析原油结蜡原因	10			
技能习得情况（20 分）	1. 能够正确选择油井清防蜡的方法	10			
	2. 能够分析油井清防蜡方法的优缺点	10			
小组合作情况（20 分）	1. 每个成员都能积极地参与小组活动	5			
	2. 每个成员都有自己明确的任务，并能认真地完成任务	5			
	3. 小组成员间能认真倾听，互助互学	5			
	4. 小组合作氛围愉快，合作效果好	5			
素质能力表现（20 分）	1. 具有克服困难、迎难而上的勇气	5			
	2. 具有精益求精的工匠精神	5			
	3. 具有爱岗敬业的精神	10			
创新能力（10 分）	应用创新思维、创新方法进行创新的能力较强，分析和解决问题的能力较好	10			
总分					
最后得分					

【知识链接】

1. 学习《清防蜡剂安全技术说明书》，掌握清防蜡剂安全要求。

清防蜡剂安全技术说明书

2. 分析原油结蜡的原因。

3. 分析影响陕北油田原油结蜡的因素。

任务二十一　化学防蜡剂性能评价

【任务描述】

用化学药剂对油井进行清防蜡是目前油田应用比较广泛的一种清蜡技术。用化学药剂进行清防蜡不影响油井正常生产和其他作业，且还可能起到降凝、降黏和解堵的效果。化学清防蜡剂有油溶型、水溶型和乳液型三种液体清防蜡剂。根据生产实际要求，对不同的油井选择最合理的清蜡方式。

【任务目标】

知识目标

1. 理解并熟记化学清防蜡剂的特点及分类；
2. 理解并熟记化学清防蜡剂的作用机理。

能力目标

1. 能够根据现场需求选择合适的化学清防蜡剂；
2. 能够分析化学清防蜡剂的作用机理。

素养目标

1. 养成学生的责任感，树立正确的价值观；
2. 培养绿色发展的观念，坚持低碳生活。

小贴士：

党的二十大报告指出“必须牢固树立和践行绿水青山就是金山银山的理念，站在人与自然和谐共生的高度谋划发展。”因此，我们必须在生产中秉承绿色发展的观念，努力推进双碳目标，在生活中也要牢记节约资源与保护自然的使命。

【案例导入】

学习“原油高效水基清防蜡剂专利”，分析专利中清防蜡技术各成分的作用，并分析其作用机理。该案例对我们有什么启发？

原油高效水基清防蜡剂专利

【知识储备】

1. 油井清防蜡技术

学习微课“油井清防蜡技术”。

油井清防蜡技术

2. 油井清防蜡技术分类

1）油管内衬防蜡技术

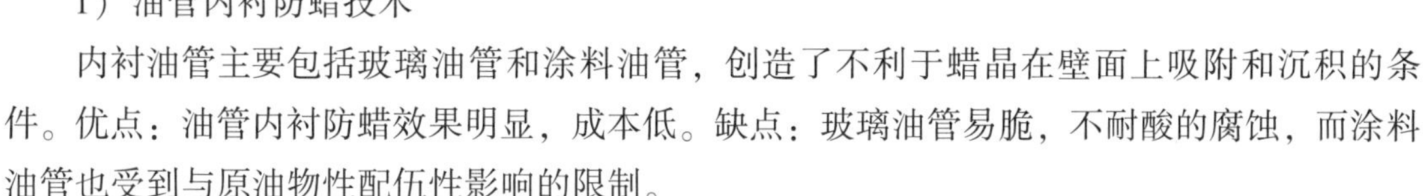
内衬油管主要包括玻璃油管和涂料油管，创造了不利于蜡晶在壁面上吸附和沉积的条件。优点：油管内衬防蜡效果明显，成本低。缺点：玻璃油管易脆，不耐酸的腐蚀，而涂料油管也受到与原油物性配伍性影响的限制。

2）磁防蜡技术

磁防蜡技术防蜡的机理比较复杂，一般认为强磁场对蜡晶具有“磁致胶体效应”“氢键异变作用”和“内晶核改变”的机理。优点：成本低、效果明显。缺点：使用条件严格，一般随油田含水率的增加，防蜡效果降低。另外对有些特殊油性的原油（如高碳蜡原油）防蜡效果比较差。

3）微生物清防蜡技术

微生物清防蜡是近年发展起来的，使用的微生物主要有两种：一种是食蜡性微生物，一种是食胶体沥青质性微生物。

优点：成本低，对原油还具有降凝、降黏效果。缺点：使用条件苛刻，使用前必须洗井，油井温度不能太高。

4）超声波清防蜡技术

该技术利用超声波把大蜡晶分子击碎变成小蜡晶分子，大蜡晶的长分子链变成短分子链，另外部分电能转换成热能，在声能和热能的双重作用下，能使蜡晶迅速溶化，从而达到清蜡的目的。优点：工艺施工简单，不污染油层，具有清蜡、解堵双重功能。

3. 机械清蜡技术

机械清蜡是指用专门的工具刮除油管壁上的蜡，并靠液流将蜡带至地面的清蜡方法。在自喷井中采用的清蜡工具主要有刮蜡片和清蜡钻头等。一般情况下采用刮蜡片，如果结蜡严重，则用清蜡钻头。

有杆抽油井的机械清蜡是利用安装在抽油杆上的活动刮蜡器清除油管和抽油杆上的蜡。常用尼龙刮蜡器，在抽油杆相距一定距离（一般为冲程长度之半）两端固定限位器，在两限位器之间安装尼龙刮蜡器。抽油杆带着尼龙刮蜡器在油管中往复运动，上半冲程刮蜡器在抽油杆上滑动，刮掉抽油杆上的蜡，下半冲程由于限位器的作用，抽油杆带动刮蜡器刮掉油管上的蜡。同时油流通过尼龙刮蜡器的倾斜开口和齿槽，推动刮蜡器缓慢旋转，提高刮蜡效果，由于刮蜡器的油流速度加快时刮下来的蜡易被油流带走，而不会造成淤积堵塞，从而达到清蜡的目的。

4. 微生物清防蜡机理

1）细菌对石蜡的降解作用

研究表明，原油所含轻质组分越多，则蜡的初始结晶温度就越低，保持溶解状态的蜡就越多，即蜡不易析出。所以筛选合适的菌种，在一定程度上降解原油中的某些重质组分，相应地增加其中的轻质组分，就可以起到防止油井结蜡的作用，特殊的细菌能降解正构烷烃的碳链；细菌的代谢产物能改善原油的流动性，降低析拉点，从而达到抑制井筒结蜡的目的。

2）细菌体及其代谢产物的表面效应

蜡晶的析出，必须首先有蜡核（固相），即蜡晶析出的附着体，但如果在蜡结晶析出之前抢先在蜡核表面附着，就能达到阻止结蜡的目的。微生物防蜡技术的另一个防蜡机理就是，利用细菌体的表面效应及其代谢产物中的活性物质，首先吸附于井筒环境内各固体表面，从而减缓流体中的蜡在这些固体表面的附着，起到防止或减缓井筒结蜡的作用，通过电镜拍摄细菌在岩石（微珠）中生长的情况，发现岩石颗粒表面细菌大量的生长繁殖，形成了高浓度的生物膜。

3）细菌对蜡的分散作用

将高温状态下同等数量的溶解石蜡分别加入清水与防蜡菌液中，发现在同等时间内，清水中石蜡析出并凝聚，而在菌液中石蜡仍保持溶解状态。

5. 清防蜡剂使用方法

清防蜡剂的正确使用是充分发挥清防蜡剂清防蜡效果的一个很重要的因素。由于现场油井工作情况和结蜡情况不同，因此应根据不同的情况，采用不同的清防蜡方法，方能达到最佳的经济效果。

常用加药方法：固定装置加药法、活动装置加药法（加药车）、连续加入法等。

固定装置加药法（见图 5.4）：利用加药罐，从套管加入，每次加药量及加药周期应根据油井的具体情况确定。加药时，先关闭连通阀和进气阀，打开加药阀和放空阀，将清防蜡剂加入药罐，然后关闭加药阀和放空阀，打开进气阀，让天然气进入药罐上方，使药罐形成压力系统，然后关闭进气阀，打开连通阀，将清防蜡剂加入套管内。

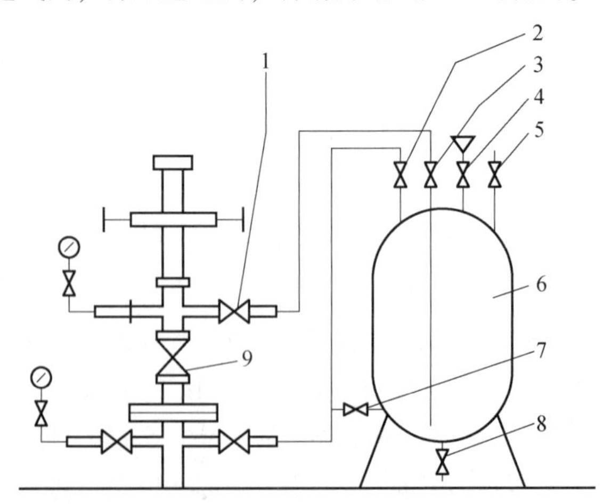

1—生产阀门；2—进气阀；3—连通阀；4—加药阀；5—放空阀；
6—高压加药罐；7—套管阀；8—排放阀；9—总阀门。

图 5.4　固定装置加药法

6. 清防蜡剂评价方法

油溶型清防蜡剂主要测试溶蜡速率、防蜡率，水溶型清防蜡剂主要测试防蜡率。此外还可测试饱和溶蜡量、蜡分散性、凝点、闪点、pH 值、有机氯含量、二硫化碳含量。对清防蜡剂的检测一般按照石油企业标准 SY/T 6300—2009 执行。

1）溶蜡速率

取 10 ~ 15 mL 清蜡剂置于带有磨口塞的量筒内，并放到（40 ± 1）℃的恒温水浴中，恒温 20 min 后，向量筒内的清蜡剂中加入准确称重 1 g 左右的 60 号白蜡，记录蜡球全部溶解的时间（min）。通常按下式计算溶蜡速率 S：

$$溶蜡速率\ S = W/V \cdot T$$

式中　W，V，T——蜡的质量（mg）、清蜡剂容积（mL）和溶解时间（min）。

S 的单位是 mg/(min · mL)。

2）防蜡率

防蜡率一般使用、冷板动态法、全自动石蜡沉积循环管流实验法测量。

冷板动态法：恒温水浴温度为地层温度，冷却水温度为井口油温。实验装置如图 5.5 所示。

全自动石蜡沉积循环管流实验法：实验装置主要包括测试管、参比管。参比管不结蜡，可根据压力差计算出结蜡管的结蜡量，对比加与不加清防蜡剂的结蜡量，计算防蜡率。

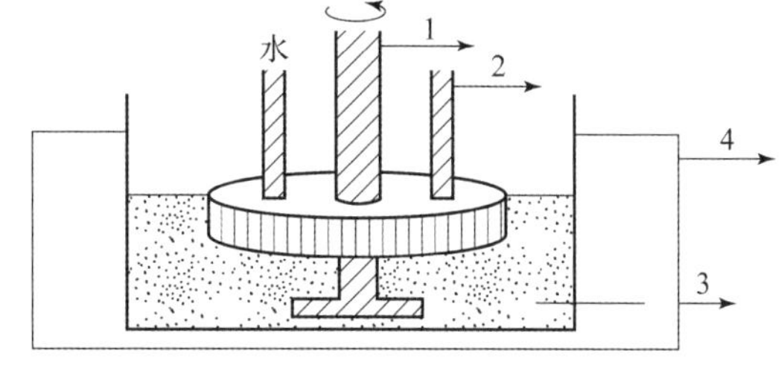

1—搅拌浆；2—循环水；3—油；4—水浴。

图 5.5　冷板动态法实验装置

【任务实施】

任务工作单如表 5.4 所示。

表 5.4　任务工作单

任务工作单				
姓名：________	班级：________		组号：________	
分组情况				
序号	学号	姓名	角色	职责

续表

工作过程			
序号	工作内容	完成情况	备注
1	分析油管内衬和涂层防蜡方法及其作用机理		
2	分析化学防蜡技术及其作用机理		
3	分析化学清蜡技术及其作用机理		
4	搜集化学防蜡剂的评价方法		
出现问题		解决办法	

【任务评价】

任务评价表如表5.5所示。

表5.5　任务评价表

小组名称					
组长		组员			
评价内容		分值	自评	互评	教师评价
组长组织工作（10分）	1. 能平均、合理地分配任务	3			
	2. 能及时组织小组决策，把握进度	3			
	3. 能做好材料的收集、整理工作	4			
知识学习情况（20分）	1. 能够正确理解化学清防蜡剂及其作用机理	10			
	2. 能够正确理解化学清防蜡剂条件	10			
技能习得情况（20分）	1. 能够正确选择化学清防蜡剂	10			
	2. 能够分析化学清防蜡剂的影响因素	10			
小组合作情况（20分）	1. 每个成员都能积极地参与小组活动	5			
	2. 每个成员都有自己明确的任务，并能认真地完成任务	5			
	3. 小组成员间能认真倾听，互助互学	5			
	4. 小组合作氛围愉快，合作效果好	5			
素质能力表现（20分）	1. 具有克服困难、迎难而上的勇气	5			
	2. 具有精益求精的工匠精神	5			
	3. 具有爱岗敬业的精神	10			
创新能力（10分）	应用创新思维、创新方法进行创新的能力较强，分析和解决问题的能力较好	10			
总分					
最后得分					

【拓展学习】

1. 分析原油防蜡途径。

2. 搜集原油清防蜡剂配方，并分析各成分的作用。

课后练习

一、选择题

1. 通常利用空心抽油杆加（　　）的方式，解决原油降黏、降凝以及清防蜡。

A. 酸　　B. 碱　　C. 药　　D. 水

2. 微生物清防蜡技术是将微生物发酵液和营养物注入井筒中，使其在井筒内生长、繁殖并黏附在金属表面上，在金属表面形成一层保护层，从而（　　）蜡晶在金属表面生长，达到清防蜡的目的。

A. 增长　　B. 阻止　　C. 助长　　D. 改善

3. 抽油机对结蜡采取的措施是（　　）。

A. 清蜡　　B. 防蜡

C. 先防蜡后清蜡　　D. 先清蜡后防蜡

4. 油井清蜡方法主要有（　　）。

A. 机械清蜡　　B. 热力清蜡

C. 化学清蜡　　D. 水基表面活性剂清蜡

E. 微生物清蜡　　F. 物理清蜡

5. 当蜡从油流中析出来时会沉积在管壁上，使管壁内径缩小，影响生产，就需要采取一定的手段将其除掉，这就是（　　）。

A. 结蜡　　B. 防蜡　　C. 刮蜡　　D. 清蜡

6. 常用的机械清蜡方法是（　　）。

A. 热水洗井　　B. 加防蜡剂

C. 加清蜡剂　　D. 刮蜡片清蜡

7. 潜油电泵井清蜡阀门的主要用途是（　　）。

A. 清蜡、测试　　B. 热洗

C. 清蜡　　D. 取样

8. 当自喷井结蜡严重时，应使用（　　）清蜡的方法清蜡。

A. 化学　　B. 热洗

C. 井下作业　　D. 钻头

9. 常用的机械清蜡方法是（　　）。

A. 热水洗井　　B. 加防蜡剂

C. 加清蜡剂　　D. 刮蜡片清蜡

10. 有关内衬和涂层的作用主要是改善油管表面和管壁表面的润湿性，使蜡不易沉积，从而达到（　　）的目的。

A. 防蜡　　B. 清蜡　　C. 热洗　　D. 结蜡

二、判断题

1. 微生物采油技术主要包括微生物清防蜡技术、微生物吞吐采油技术、微生物驱油技术。 （ ）

2. 将油井井下设备全部起出地面，用蒸汽洗净，然后再下入井内，这就是检泵清蜡，它是机械清蜡中的一种方法。 （ ）

3. 抽油井热洗清蜡时，是采用油管注入热洗介质，同时开动抽油井，边抽边洗。 （ ）

4. 目前油井常用的清蜡方法根据原理可分为机械清蜡和热力清蜡两类。 （ ）

5. 微生物清防蜡技术的特点是施工工艺复杂、安全性高。 （ ）

6. 油管结蜡使抽油机负荷增加，阀漏失，示功图呈现刀把状，电流变化失去平衡，产量下降。 （ ）

三、思考题

1. 影响油井结蜡的因素有哪些？
2. 油井清防蜡的方法有哪些？
3. 油井结蜡有哪些危害？
4. 如何判断油井结蜡？
5. 化学防蜡剂的评价方法有哪些？

模块六　油层的化学改造

任务二十二　应用聚合物驱驱油技术

【任务描述】

以大庆油田萨北开发区的实际案例进行具体分析，通过优化并全面推广聚合物驱驱油技术，有效地降低了采油技术成本，提高了聚驱效率，采油开发态势良好。石油采收率受驱油剂油藏中波及体积系数和洗油效率的影响，二者乘积大则采收率高。传统水驱模式，驱油阻力多为毛细管力，如果岩层空隙小则容易被水波及，有风存在较大的空隙内，导致波及体积系数较小。聚合物驱与水驱的差别在于水中加入了水溶性高分子聚合物，能降低流度比，加大波及体积，提高驱替相黏度，进而提升原油采收率。

【任务目标】

知识目标

1. 理解并熟记驱油用聚合物的类型及其特点；
2. 理解并熟记聚合物驱驱油机理。

能力目标

1. 能够根据现场需求正确选择酸化用酸；
2. 能够分析聚合物在地层中的滞留。

素养目标

1. 养成学生敢闯敢干的创新意识；
2. 加强学生善于分析、勇于思考的创新意识。

小贴士：

作为新时代的石油人，我们要大力弘扬大庆精神、铁人精神，立足岗位初心不改，联系生产实际和油田发展需要，练就一身过硬的本领，做到人人出手过硬，事事做到规格化，为油田负责。

【案例导入】

什么是高分子呢？它是由许多结构相同的单体聚合而成的，分子量往往是几万、几十万。其结构的形状也很特别，如果说普通分子像个小球，那么高分子由于单体彼此连接成长链，就像一根有 50 m 长的麻绳。有些高分子长链之间又有短链相结而成网状。此外，由于大分子与大分子之间存在引力，故这些长链不但各自卷曲而且相互缠绕，形成了既有一定强度，又有不同程度弹性的固体。因为分子大，长链一头受热时另一头还不热，故熔化前有个软化过程，这就使它具有良好的可塑性。正是这种内在结构，使它具有包括电绝缘在内的许多特性，成为新型的优质材料。人们对它们的组成、结构的认识和合成方法的掌握经历了一个实践—认识—实践的曲折过程。

1812 年，化学家在用酸水解木屑、树皮、淀粉等的实验中得到了葡萄糖，证明淀粉、纤维素都由葡萄糖组成。1826 年，法拉第通过元素分析发现橡胶的单体分子是 C_5H_8，后来人们测出 C_5H_8 的结构是异戊二烯。就这样，人们逐步了解了构成某些天然高分子化合物的单体。

1839 年，有个名叫古德依尔的美国人，偶然发现天然橡胶与硫磺共热后明显地改变了性能，使它从硬度较低、遇热发黏软化、遇冷发脆断裂的不实用的性质，变为富有弹性、可塑性的材料。这一发现的推广应用促进了天然橡胶工业的建立。天然橡胶这一处理方法，在化学上叫作高分子的化学改性，在工业上叫作天然橡胶的硫化处理。

进一步试验，化学家们将纤维素进行化学改性获得了第一种人造塑料——赛璐珞和人造丝。1889 年法国建成了最早的人造丝工厂，1900 年英国建成了以木浆为原料的黏胶纤维工厂，天然高分子的化学改性，大大开阔了人们的视野。1907 年，美国化学家在研究苯酚和甲醛的反应中制得了最早的合成塑料——酚醛树脂，又名电木。1909 年德国化学家以热引发聚合异戊二烯获得成功。在这一实验启发下，德国化学家采用与异戊二烯结构相近的二甲基丁二烯为原料，在金属钠的催化下合成了甲基橡胶，开创了合成橡胶的工业生产。

从案例中我们可以体会到什么？我们应该向科学家们学习些什么？

____

____

____

____

____

【知识储备】

1. 聚合物驱

学习微课“聚合物驱”。

聚合物驱

2. 驱油用聚合物研究

国外研究工作主要集中在以下三个领域。

1）改性天然水溶性聚合物

其主要用在压裂液中，如目前国内外水基压裂液用得最多的就是瓜尔胶，而国内应用的还有田箐胶、香豆胶等。此外还有改性淀粉和改性纤维素等。

2）改性共聚物

（1）以丙烯酰胺或丙烯酸类聚合物为基础，通过聚合物改性或共聚引入能抑制酰胺基团水解的结构单元，或强水化性的离子基团，或可络合二价金属离子的单体，制备改性聚合物等。

（2）针对高分子量聚合物在剪切下易降解及低分子量聚合物增黏效果差的弱点，在共聚物中引入疏水结构单元，形成疏水缔合交联体，以提高耐盐性和抗剪切性。

（3）研制具有低界面张力的聚合物作为驱油剂替代传统的表面活性剂/聚合物复合体系，克服复合体系在流动中的色谱分离现象。

3）聚合物凝胶

聚合物凝胶根据其形态结构与性能的不同，在石油开采中具有不同的用途。高强度的凝胶在注水开发油田时可作为堵水调剖剂使用；低强度凝胶（如胶态分散凝胶）兼有驱油和调整吸水剖面的双重作用，可有效地提高石油采收率。目前研究和应用的主要聚合物凝胶材料包括以下几种。

（1）将部分水解聚丙烯酰胺、羧甲基纤维素、聚多糖、丙烯酰胺共聚物等与醛类、有机过渡金属或有机金属交联剂作用，制备用途不同的聚合物凝胶。

（2）针对传统丙烯酰胺类聚合物与交联剂交替注入油层时不能形成足够强的凝胶的弱点，将含有 N－乙烯基吡啶、甲基丙烯酰胺和丙烯酸结构单元的共聚物与交联剂同时注入地下，获得强度较高的凝胶体。

（3）制备杂多糖的复合物与金属离子交联形成的高黏度凝胶体系。

综上所述，国外对用于采油工程的高分子材料的研究集中在丙烯酰胺、丙烯酸与一些耐温抗盐功能单体的共聚物、改性天然高分子以及聚合物复合凝胶体系上，基体材料以聚丙烯酰胺、聚丙烯酸、纤维素、聚多糖为主，采用化学合成方法进行改性。但大多新型聚合物处理剂尚停留在室内研究阶段，未投入实际应用。如聚合物由于性质上的差异而在流动中产生色谱分离，导致表面活性剂在驱替过程中损耗量增大，降低采收率和经济效益。

3. 水溶性聚合物的结构特征

聚合物结构研究的目的在于了解聚合物的结构与其物理性能的关系，以此指导我们正确地选择和使用聚合物材料，并通过各种途径改变聚合物的结构，以有效地改进其性能，设计、合成具有指定性能的聚合物材料。聚合物结构的主要特点如下。

（1）高分子链是由很大数目（10^3～10^5 数量级）的结构单元所组成的，每个重复结构单元相当于一个小分子，它们通过共价键连接成不同的结构。

（2）一般高分子的主链都有一定的内旋转自由度，可以弯曲，使高分子链具有柔性，且由于分子的热运动，柔性链的形态可时刻改变，呈现无数可能的构象。如果组成高分子链的化学键不能内旋转，或结构单元间有强烈的相互作用，则形成刚性链，使高分子链具有一定的构象及构型。

（3）高分子链间一旦存在行交联结构，即使交联度很小，聚合物的物理力学性能也会发生很大变化，导致聚合物不溶和不熔。

（4）由于高分子具有很多的重复结构单元，因此结构单元之间的范德华力相互作用显得十分重要，对聚合物的聚集态结构及聚合物材料的物理力学性能均有重要的影响。

（5）聚合物的分子聚集态结构存在晶态和非晶态。聚合物的晶态比小分子晶态的有序程度差得多，但聚合物的非晶态却比小分子液态的有序程度高。这是由于长链高分子移动比较困难，分子的几何不对称性大，致使高分子链的聚集态具有一定程度的有序排列。这对聚合物材料的使用性能是十分重要的。

4. 驱油用聚合物的改性

1）疏水缔合聚合物

疏水缔合聚合物是在水溶性聚合物中引入少量疏水单体，利用疏水基团间的疏水缔合作用，使聚合物在水溶液中形成超分子聚集体。引入具有抑制水解、提高大分子链的刚性与水化能力等作用的功能性结构单元，可获得耐温、抗盐性能良好的疏水缔合聚合物。

2）分子复合型聚合物驱油剂

根据高分子间可通过氢键、库仑力等形成高分子复合物的原理，通过高分子复合降低组分聚合物链的自由度，增大高分子的流体力学体积，可使溶液获得高黏度。高分子复合后所形成的动态网络结构可抗衡小分子电解质对高分子链所带电荷的屏蔽作用，改善驱油剂的增黏、抗盐性能。现已建立了一套通过分子复合制备新型聚合物驱油剂的方法，并制备出了两类综合性能优良的分子复合型聚合物驱油剂。

3）两性离子聚合物

在分子链上含有阳离子和阴离子两种基团的两性离子聚合物，分子间或分子内有静电作用，在水溶液中表现出不同于阴离子或阳离型聚合物的独特性能，在盐水溶液中可保持高黏度。如以 2－丙烯酰胺－2－甲基丙磺酸（AMPS）和甲基丙烯酸二甲氨基乙酯（DMAEMA）为原料，可以制备一系列不同组成的两性离子聚合物（ASDM）。

4）HPAM 弱凝胶

对于 HPAM 弱凝胶，交联结构的存在可使聚合物刚性增强、构象转变难度增大、抗盐能力提高、增黏能力增强，可用于二价离子浓度高达 2 000 mg/L 的油藏环境，且使用温度

较高，聚合物与交联剂用量小，可大幅降低材料费用，有良好的应用前景。

5）高分子表面活性剂

在三次采油（EOR）技术中，常使用低分子表面活性剂和聚合物的混合溶液，以获得低界面张力和高流度控制（高黏度）的驱替液。低分子表面活性剂与聚合物由于性质上的差异在地层内流动时可能相互分离，导致表面活性剂在驱替过程中损耗量增大，采收率和经济效益降低。结合高分子的增黏能力与低分子表面活性剂的表面活性，在高分子链上引入具有优良表面活性的功能基团，达到既增黏又降低界面张力的效果，一种材料同时起到聚合物和表面活性剂两种材料的作用，且复合驱中聚合物与表面活性剂在流动中分离的问题得到解决。

【任务实施】

任务工作单如表6.1所示。

表6.1　任务工作单

任务工作单				
姓名：________		班级：________		组号：________
分组情况				
序号	学号	姓名	角色	职责
工作过程				
序号	工作内容	完成情况	备注	
1	分析聚合物驱的机理			

续表

工作过程			
序号	工作内容	完成情况	备注
2	分析驱油用聚合物的特点和盐敏效应		
3	分析聚合物增黏机理及其在地层中的滞留机理		
4	分析驱油用聚合物的发展及创新		

出现问题	解决办法

【任务评价】

任务评价表如表 6.2 所示。

表 6.2　任务评价表

<table>
<tr><td>小组名称</td><td colspan="5"></td></tr>
<tr><td>组长</td><td></td><td>组员</td><td colspan="3"></td></tr>
<tr><td colspan="2">评价内容</td><td>分值</td><td>自评</td><td>互评</td><td>教师评价</td></tr>
<tr><td rowspan="3">组长组织工作
(10 分)</td><td>1. 能平均、合理地分配任务</td><td>3</td><td></td><td></td><td></td></tr>
<tr><td>2. 能及时组织小组决策，把握进度</td><td>3</td><td></td><td></td><td></td></tr>
<tr><td>3. 能做好材料的收集、整理工作</td><td>4</td><td></td><td></td><td></td></tr>
<tr><td rowspan="2">知识学习情况
(20 分)</td><td>1. 能够正确理解聚合物驱的驱油机理</td><td>10</td><td></td><td></td><td></td></tr>
<tr><td>2. 能够正确理解聚合物驱的条件</td><td>10</td><td></td><td></td><td></td></tr>
<tr><td rowspan="2">技能习得情况
(20 分)</td><td>1. 能够正确选择聚合物驱用的表面活性剂</td><td>10</td><td></td><td></td><td></td></tr>
<tr><td>2. 能够分析聚合物驱的影响因素</td><td>10</td><td></td><td></td><td></td></tr>
<tr><td rowspan="4">小组合作情况
(20 分)</td><td>1. 每个成员都能积极地参与小组活动</td><td>5</td><td></td><td></td><td></td></tr>
<tr><td>2. 每个成员都有自己明确的任务，并能认真地完成任务</td><td>5</td><td></td><td></td><td></td></tr>
<tr><td>3. 小组成员间能认真倾听，互助互学</td><td>5</td><td></td><td></td><td></td></tr>
<tr><td>4. 小组合作氛围愉快，合作效果好</td><td>5</td><td></td><td></td><td></td></tr>
<tr><td rowspan="3">素质能力表现
(20 分)</td><td>1. 具有克服困难、迎难而上的勇气</td><td>5</td><td></td><td></td><td></td></tr>
<tr><td>2. 具有精益求精的工匠精神</td><td>5</td><td></td><td></td><td></td></tr>
<tr><td>3. 具有爱岗敬业的精神</td><td>10</td><td></td><td></td><td></td></tr>
<tr><td>创新能力
(10 分)</td><td>应用创新思维、创新方法进行创新的能力较强，分析和解决问题的能力较好</td><td>10</td><td></td><td></td><td></td></tr>
<tr><td colspan="3">总分</td><td></td><td></td><td></td></tr>
<tr><td colspan="3">最后得分</td><td colspan="3"></td></tr>
</table>

【拓展学习】

1. 分析驱油用聚合物的结构特点。

2. 分析聚合物驱各段塞的作用。

任务二十三　应用表面活性剂驱驱油技术

【任务描述】

以延长油田某区块的实际案例进行具体分析，表面活性剂主要是通过降低油水界面张力、改变储层岩石湿润性来实现提高去油效率、提高采收率的目的。一般情况下，低渗透率油藏油水界面张力约为 30 mN/m，依靠常规注水开发，去油效率低，而表面活性剂可将油水界面张力降低至 $10^{-3}\sim10^{-2}$ mN/m 的超低状态，同时使原油和岩石的润湿接触角极大增加，提高注水洗油效率，最终提高采收率。

【任务目标】

知识目标

1. 理解并熟记驱油用表面活性剂的类型及其特点；
2. 理解并熟记表面活性剂驱的驱油机理。

能力目标

1. 能够根据现场需求正确选择合适的表面活性剂；
2. 能够分析表面活性剂的作用机理。

素养目标

1. 养成学生专业认同感和责任心；
2. 加强学生专业自信，养成学生石油精神。

小贴士：

党的二十大报告指出，“社会主义核心价值观是凝聚人心、汇聚民力的强大力量。”因此，我们在工作中要秉承敬业、诚信的理念，以精益求精的态度苦练内功提素质，把严实作风时时、事事、处处渗透到骨子里。

【案例导入】

中国的表面活性剂和合成洗涤剂工业起始于 20 世纪 50 年代，尽管起步较晚，但发展较快。1995 年洗涤用品总量已达到 310 万 t，仅次于美国，排名世界第二位。其中合成洗涤剂的生产量从 1980 年的 40 万 t 上升到 1995 年的 230 万 t，净增 4.7 倍，并以年平均增长率大于 10% 的速度增长。

从案例中我们可以体会到什么？

【知识储备】

1. 表面活性剂驱及其作用机理

学习表面活性剂驱的相关微课。

活性剂驱

胶束溶液驱

活性水驱

2. 表面活性剂

表面活性剂是在较低浓度时，在溶液表面形成单分子层，可显著降低溶液表面张力的化学剂。

表面活性剂有洗涤作用，其原理为：根据分子中不同部分分别对于两相的亲和，使两相均将其看作本相的成分，分子排列在两相之间，使两相的表面相当于转入分子内部，从而降低表面张力。由于两相都将其看作本相的一个组分，就相当于两个相与表面活性剂分子都没有形成界面，通过这种方式部分消灭了两个相的界面，即降低了表面张力和表面自由能。

3. 表面张力

液体具有收缩其表面，使表面积达到最小的趋势。这说明液体表面存在着张力，这种张力称为表面张力。

表面张力产生的原因，可以用分子间相互作用的分子力来加以解释。

4. 毛细现象

将毛细管的一端插入液体中，当液体润湿管壁时，管内液面上升，液面呈现凹弯月面；当液体不润湿管壁时，管内液面则下降，液面呈现凸弯月面，这种现象即为毛细现象。对于不润湿管壁的液体，在毛细管内的液面是凸的，液面内的压强高于液面外的压强，管内的液面将下降至管外液面之下。

5. 表面活性剂发展趋势

表面活性剂在油田开发中的应用越来越广泛，近年来呈现出以下几方面的发展趋势。

（1）筛选和开发多功能的处理剂。为在高温高压和原油存在的条件下能够维持泡沫的稳定性，开发了碳氟表面活性剂，或与两性烷烃表面活性剂复配。通过筛选发现，普通的阳离子表面活性剂——十二烷基三甲基氯化铵既能杀菌缓蚀，又具有稳定黏土、防止蜡析出等作用；特定结构的酚醛树脂聚氧乙烯聚氧丙烯醚有乳化降黏、润湿减阻和破乳作用。

（2）扩大表面活性剂的原料来源，降低处理剂成本。目前油田使用的表面活性剂大部分来源于石油和煤炭，但是它们属于不可再生资源，为此，最好从可再生资源进行开发。山东大学用油脂下脚料制备天然混合羧酸盐驱油剂，中国石油大学用造纸黑液制备的木质磺酸盐也可用于三次采油，胜利油田开发了烷基葡萄糖苷作为降滤失助剂。

（3）充分应用表面活性剂之间的协同效应，降低产品用量，扩大功能。

（4）开发在苛刻条件下使用的新型表面活性剂。随着油田的开发，其地层温度、水质矿化度会有新的变化。例如，当地层温度为 90 ~ 200 ℃，矿化度为（3 ~ 15）× 10^4 mg/L，钙、镁离子浓度为 3 000 ~ 5 000 mg/L 时，目前就很难有单独一种表面活性剂能适用。

（5）加强表面活性剂在油田各个领域应用的机理研究。

【任务实施】

任务工作单如表 6.3 所示。

表 6.3　任务工作单

任务工作单				
姓名：________		班级：________		组号：________
分组情况				
序号	学号	姓名	角色	职责
1	分析表面活性剂驱的驱油机理			
2	分析表面活性剂驱常用的表面活性剂及其特点和发展方向			

续表

工作过程			
序号	工作内容	完成情况	备注
3	分析活性剂水驱驱油的影响因素		
出现问题		解决办法	

【任务评价】

任务评价表如表 6.4 所示。

表 6.4　任务评价表

小组名称					
组长		组员			
评价内容		分值	自评	互评	教师评价
组长组织工作（10 分）	1. 能平均、合理地分配任务	3			
	2. 能及时组织小组决策，把握进度	3			
	3. 能做好材料的收集、整理工作	4			
知识学习情况（20 分）	1. 能够正确理解表面活性剂驱的驱油机理	10			
	2. 能够正确理解表面活性剂驱的条件	10			
技能习得情况（20 分）	1. 能够正确选择表面活性剂驱用表面活性剂	10			
	2. 能够分析碱表面活性剂驱的影响因素	10			

续表

评价内容		分值	自评	互评	教师评价
小组合作情况（20分）	1. 每个成员都能积极地参与小组活动	5			
	2. 每个成员都有自己明确的任务，并能认真地完成任务	5			
	3. 小组成员间能认真倾听，互助互学	5			
	4. 小组合作氛围愉快，合作效果好	5			
素质能力表现（20分）	1. 具有克服困难、迎难而上的勇气	5			
	2. 具有精益求精的工匠精神	5			
	3. 具有爱岗敬业的精神	10			
创新能力（10分）	应用创新思维、创新方法进行创新的能力较强，分析和解决问题的能力较好	10			
总分					
最后得分					

【拓展学习】

1. 分析驱油用表面活性剂的结构特点。

____

____

____

____

____

2. 分析表面活性剂驱各段塞的作用。

____

____

____

____

____

任务二十四　应用碱驱驱油技术

【任务描述】

观察碱与原油混合后的乳化现象，碱与原油中的酸性成分反应，生成表面活性物质：这些表面活性物质可使原油形成水包油（O/W）乳状液，水包油乳状液的形成与稳定性对碱驱和稠油乳化降黏非常重要。

【任务目标】

知识目标

1. 理解并熟记驱油用碱的类型及其特点；
2. 理解并熟记碱驱的驱油机理。

能力目标

1. 能够根据现场需求正确选择合适的碱；
2. 能够分析碱驱的作用机理。

素养目标

1. 培养学生安全生产意识，引导学生提高自身安全意识；
2. 加强学生专业自信。

小贴士：

无论在什么行业、什么领域、什么岗位上，在学习中思考领悟，在实践中应用创新，才能实现技能的提升、人生的增值。生产一线需要的是千千万万技能人才，产业工人是社会主义现代化建设的重要支撑力量，产业工人个人能力有限，但基数庞大，把他们汇聚在一起就是一股不可小视的力量。

【案例导入】

1981年10月18日，“华春”轮驶进某港，在所载的货物中有一批烧碱，包装方式为钢制圆桶型密封容器，外用塑料薄膜，木制托盘简易成组包装。卸货时港区采用的钢丝绳吊具没有支架，起吊时钢丝绳收紧后使包装件受勒，导致塑料薄膜破损，并且因包装件受力后钢桶受挤压，造成不同程度的损坏。进入仓库使用叉车归桩、堆码时，包装破损的货物没有及时妥善处理，桶储存的片状及珠状的烧碱直接暴露在空气中。在该批货物卸货及储存的十余天内，先后造成了40余人的皮肤、眼睛灼伤，经采取紧急措施及时处理破损的烧碱桶后，事故才得以有效控制。

学习“氢氧化钠使用注意事项”，结合以上案例，我们可以学到什么？

氢氧化钠使用注意事项

【知识储备】

碱驱

1. 碱驱

学习微课“碱驱”。

2. 碱的急救措施

皮肤接触：应立即用大量水冲洗，再涂上3%~5%的硼酸溶液。

眼睛接触：立即提起眼睑，用流动清水或生理盐水冲洗至少15 min，或用3%硼酸溶液冲洗，就医。

吸入：迅速脱离现场至空气新鲜处，必要时进行人工呼吸，就医。

食入：应尽快用蛋白质含量高的东西清洗干净口中毒物，如牛奶、酸奶等奶质物品。患者清醒时立即漱口，口服稀释的醋或柠檬汁，就医。

灭火方法：雾状水、砂土、二氧化碳灭火器。

3. 酸值及其测定方法

中和1 g石油产品中的酸性物质，所需要的氢氧化钾质量称为酸值，以mgKOH/g表示。用含有乙醇的萃取液抽出试样中的酸性成分，然后用含氢氧化钾乙醇的中和液进行滴定，直至到滴定终点，根据消耗的含氢氧化钾乙醇溶液即可计算原油的酸值。

4. 强碱弱酸盐

强碱弱酸盐是强碱和弱酸反应生成的盐。因为酸根离子或非金属离子在水解中消耗掉一部分的氢离子，电离出氢氧根离子，所以绝大部分强碱弱酸盐溶液显碱性，但也有特殊情况，如亚硫酸氢钠水溶液显酸性。

弱酸离子：如碳酸根 CO_3^{2-}、亚硫酸根 SO_3^{2-}、氢硫酸根 S^{2-}、硅酸根 SiO_3^{2-}、偏铝酸根 AlO_2^{2-}、醋酸根 CH_3COO^- 等。

强碱离子：如 Na^+、K^+、Ca^{2+}、Ba^{2+} 等。

次氯酸钠（NaClO）也属于强碱弱酸盐。

5. 碱驱影响因素

碱驱就是将碱性物质注入油层中，利用碱与原油中的酸性物质发生反应，产生表面活性剂来提高采收率。

碱驱相对表面活性剂驱而言成本低，但作为“碱”这类敏感物质，受油藏温度、地层水的矿化度、岩石中的 Ca^{2+} 和 Mg^{2+} 离子含量、原油中的酸液、溶液的pH值影响很大，同时带来了碱耗、结垢等问题。另外，碱驱产出液为乳状液，分离处理困难。总体而言碱驱提高采收率不超过8%。

【任务实施】

任务工作单如表6.5所示。

表6.5 任务工作单

<table>
<tr><th colspan="5">任务工作单</th></tr>
<tr><td colspan="2">姓名：________</td><td colspan="2">班级：________</td><td>组号：________</td></tr>
<tr><td colspan="5">分组情况</td></tr>
<tr><td>序号</td><td>学号</td><td>姓名</td><td>角色</td><td>职责</td></tr>
<tr><td></td><td></td><td></td><td></td><td></td></tr>
<tr><td></td><td></td><td></td><td></td><td></td></tr>
<tr><td></td><td></td><td></td><td></td><td></td></tr>
<tr><td></td><td></td><td></td><td></td><td></td></tr>
<tr><td></td><td></td><td></td><td></td><td></td></tr>
<tr><td></td><td></td><td></td><td></td><td></td></tr>
<tr><td colspan="5">工作过程</td></tr>
<tr><td>序号</td><td>工作内容</td><td colspan="2">完成情况</td><td>备注</td></tr>
<tr><td>1</td><td>分析碱驱的驱油机理</td><td colspan="2"></td><td></td></tr>
<tr><td>2</td><td>分析碱驱常用碱及其特点和发展方向</td><td colspan="2"></td><td></td></tr>
<tr><td>3</td><td>分析碱在地层中的反应及碱驱的条件</td><td colspan="2"></td><td></td></tr>
</table>

续表

出现问题	解决办法

【任务评价】

任务评价表如表6.6所示。

表6.6　任务评价表

小组名称						
组长		组员				
评价内容		分值	自评	互评	教师评价	
组长组织工作（10分）	1. 能平均、合理地分配任务	3				
	2. 能及时组织小组决策，把握进度	3				
	3. 能做好材料的收集、整理工作	4				
知识学习情况（20分）	1. 正确理解碱驱驱油机理	10				
	2. 能够正确理解碱驱条件	10				
技能习得情况（20分）	1. 能够正确选择碱驱用碱	10				
	2. 能够分析碱驱的影响因素	10				
小组合作情况（20分）	1. 每个成员都能积极地参与小组活动	5				
	2. 每个成员都有自己明确的任务，并能认真地完成任务	5				
	3. 小组成员间能认真倾听，互助互学	5				
	4. 小组合作氛围愉快，合作效果好	5				
素质能力表现（20分）	1. 具有克服困难、迎难而上的勇气	5				
	2. 具有精益求精的工匠精神	5				
	3. 具有爱岗敬业的精神	10				

续表

评价内容		分值	自评	互评	教师评价
创新能力（10 分）	应用创新思维、创新方法进行创新的能力较强，分析和解决问题的能力较好	10			
总分					
最后得分					

【拓展学习】

1. 分析纯碱的分子结构特点，写出其分步电离反应方程式。

2. 分析碱驱各段塞的作用。

任务二十五 应用复合驱驱油技术

【任务描述】

在之前学习了聚合物驱、表面活性剂驱、碱驱，它们分别通过不同机理提高原油采收率，假设把它们复合，会产生怎样的效果呢？

【任务目标】

知识目标

1. 理解并熟记复合驱的概念及其特点；
2. 理解并熟记复合驱驱油机理。

能力目标

1. 能够根据现场需求正确选择合适的复合驱；
2. 能够分析复合驱的作用机理。

素养目标

1. 培养学生的自信心，鼓励学生自觉服从规章制度；
2. 加强学生团结协作、互帮互助的职业态度。

小贴士：

党的二十大报告指出，“团结就是力量，团结才能胜利。”因此，不管是在学习过程中，还是在将来走向工作岗位，都要充分树立集体主义观念，秉承团结协作、互帮互助的团队精神，这样才能激发出更强的战斗力。

【案例导入】

协同效应原本为一种物理化学现象，又称增效作用，是指两种或两种以上的组分相加或调配在一起，所产生的作用大于各种组分单独应用时作用的总和，而其中对混合物产生这种效果的物质称为增效剂（Synergist）。协同效应常用于指导化工产品各组分组合，以求得最终产品性能增强。

1971年，德国物理学家赫尔曼·哈肯提出了协同的概念，1976年系统地论述了协同理论，并发表了《协同学导论》等著作。协同论认为整个环境中的各个系统间存在着相互影响而又相互合作的关系。社会现象亦如此，例如，企业组织中不同单位间的相互配合与协作关系，以及系统中的相互干扰和制约等。

20世纪60年代，美国战略管理学家伊戈尔·安索夫将协同的理念引入企业管理领域，协同理论成为企业采取多元化战略的理论基础和重要依据。他认为协同就是企业通过识别自身能力与机遇的匹配关系来成功拓展新的事业，协同战略可以像纽带一样把公司多元化的业务联结起来，即企业通过寻求合理的销售、运营、投资与管理战略安排，可以有效配置生产要素、业务单元与环境条件，实现一种类似报酬递增的协同效应，从而使公司得以更充分地利用现有优势，并开拓新的发展空间。安索夫在《公司战略》一书中，把协同作为企业战略的四要素之一，多元化战略的协同效应主要表现为：通过人力、设备、资金、知识、技能、关系、品牌等资源的共享来降低成本、分散市场风险以及实现规模效益。哈佛大学教授莫斯・坎特甚至指出：多元化公司存在的唯一理由就是获取协同效应。

从案例中我们可以体会到什么？

____

____

____

____

【知识储备】

1. 复合驱

学习微课“复合驱”。

复合驱

2. 三元复合驱的技术特点

三元复合驱与一元、二元驱相比，具有以下特点：

（1）利用碱和表面活性剂的作用，有效降低油水界面张力，提高驱油效率，同时又能通过加入聚合物来增加驱替液的黏度，改善油、水流度比，提高波及效率，具有物理和化学有机结合的双重作用，能大幅提高原油采收率；

（2）三元复合体系中大幅降低了化学剂用量，尤其是价格昂贵的表面活性剂用量；

（3）三元复合体系有机复合能拓宽低界面张力的表面活性剂浓度和盐浓度范围，对油藏的适应性更广；

（4）三元复合体系与原油接触后，界面张力能很快降到0.001 N/m以下，速度快，波及体积大，能大幅度降低含水量，色谱分离程度较小，驱油效率高，虽出现了乳化现象，但对开采效果利大于弊。

【任务实施】

任务工作单如表6.7所示。

表 6.7　任务工作单

<table>
<tr><th colspan="5">任务工作单</th></tr>
<tr><td colspan="5">姓名：________　　班级：________　　组号：________</td></tr>
<tr><td colspan="5">分组情况</td></tr>
<tr><td>序号</td><td>学号</td><td>姓名</td><td>角色</td><td>职责</td></tr>
<tr><td></td><td></td><td></td><td></td><td></td></tr>
<tr><td></td><td></td><td></td><td></td><td></td></tr>
<tr><td></td><td></td><td></td><td></td><td></td></tr>
<tr><td></td><td></td><td></td><td></td><td></td></tr>
<tr><td></td><td></td><td></td><td></td><td></td></tr>
<tr><td colspan="5">工作过程</td></tr>
<tr><td>序号</td><td>工作内容</td><td colspan="2">完成情况</td><td>备注</td></tr>
<tr><td>1</td><td>分析复合驱驱油效果</td><td colspan="2"></td><td></td></tr>
<tr><td>2</td><td>分析复合驱组分的协同效应</td><td colspan="2"></td><td></td></tr>
<tr><td>3</td><td>设计复合驱驱油剂配比</td><td colspan="2"></td><td></td></tr>
<tr><td>4</td><td>分析复合物驱的段塞及其作用</td><td colspan="2"></td><td></td></tr>
</table>

续表

工作过程			
序号	工作内容	完成情况	备注
出现问题		解决办法	

【任务评价】

任务评价表如表 6.8 所示。

表 6.8 任务评价表

小组名称						
组长		组员				
评价内容		分值	自评	互评	教师评价	
组长组织工作（10 分）	1. 能平均、合理地分配任务	3				
	2. 能及时组织小组决策，把握进度	3				
	3. 能做好材料的收集、整理工作	4				
知识学习情况（20 分）	1. 能够正确理解 ASP 三元复合驱的驱油机理	10				
	2. 能够正确进行三元复合驱的比例分配	10				
技能习得情况（20 分）	1. 能够独立分析三元复合驱各组分的作用	10				
	2. 能够分析三元复合驱和成分之间的协同效应	10				
小组合作情况（20 分）	1. 每个成员都能积极地参与小组活动	5				
	2. 每个成员都有自己明确的任务，并能认真地完成任务	5				
	3. 小组成员间能认真倾听，互助互学	5				
	4. 小组合作氛围愉快，合作效果好	5				

续表

评价内容		分值	自评	互评	教师评价
素质能力表现（20分）	1. 具有克服困难、迎难而上的勇气	5			
	2. 具有精益求精的工匠精神	5			
	3. 具有爱岗敬业的精神	10			
创新能力（10分）	应用创新思维、创新方法进行创新的能力较强，分析和解决问题的能力较好	10			
总分					
最后得分					

【拓展学习】

1. 学习专利“一种 ASP 三元复合驱油剂”，分析复合驱油剂的主要成分及作用机理。

____

____

____

____

____

一种 ASP 三元复合驱油剂

2. 分析复合驱的组分。

____

____

____

____

____

____

3. 案例分析——分析案例中复合驱的驱油剂及驱油机理。

____

____

____

____

____

____

任务二十六　应用混相驱驱油技术

【任务描述】

一般来说油藏开发经历“一次开采”阶段，依赖压缩能量，采收率低，接近5%～20%。其后是注水开发的“二次采油”阶段，其采收率可达20%～40%，但仍有一半以上的油留在地层中采不出来。要想再提高采收率，只有通过注蒸汽、注聚合物或混相驱等“三次采油”方法。混相驱的采收率可达90%以上。

【任务目标】

知识目标

1. 理解并熟记混相驱的概念及其特点；
2. 理解并熟记混相驱的驱油机理。

能力目标

能够分析混相驱的作用机理。

素养目标

1. 培养学生的创新意识，敢于把自己的创新理念融入学习中；
2. 加强学生正确的价值观。

小贴士：

党的二十大报告指出，“广大青年要坚定不移听党话、跟党走，怀抱梦想又脚踏实地，敢想敢为又善作善成，立志做有理想、敢担当、能吃苦、肯奋斗的新时代好青年，让青春在全面建设社会主义现代化国家的火热实践中绽放绚丽之花。”我们每一位学生都需要传承石油精神、弘扬石化传统，把对党和国家的热情转化为敬业奉献、创新创效的实际行动。

【案例导入】

2021年8月4日，葡北天然气重力混相驱与战略储气库协同建设项目，6口井日产油29 t，使国内首个混相驱采油技术油田在关闭6年后“复活”，标志着中国石油集团重大科研项目在吐哈油田取得重要进展。

葡北油田1998年成功实施气水交替混相驱开发，使我国成为世界上开展混相驱开发的4个国家之一。葡北三间房油藏经历了“天然气混相驱开发”“水驱开发”两个阶段，累计采油116.3万t，采出程度44.9%。2015年，区块因高含水油藏而关闭。

2018年，中国石油集团充分考虑葡北油田紧邻西气东输“大动脉”的地理优势，创新提出了在葡北实施天然气重力混相驱开发的技术思路。吐哈油田通过精细研究评价，认为协同建设技术可以使葡北三间房油田原油采出程度在目前44.9%的基础上再提高20%~25%，达到65%以上。

此次实施的天然气重力混相驱与1998年天然气混相驱的区别主要在于注气位置不同，天然气重力混相驱选择在构造高部位注气，能在混相驱超高驱油效率的基础上更好地发挥顶部重力驱波及体积大的优势，从而更大幅度地提高采收率。此外，注入的天然气还能为正在建设的葡北战略储气库做好储气准备，以实现提高采收率与战略储气库联动效益开发。

【知识储备】

混相驱

1. 混相驱

学习微课“混相驱”。

2. 一次接触混相驱和多级接触混相驱

气体混相驱按其混相机理可以分为一次接触混相驱和多级接触混相驱。一次接触混相驱是指排驱气体与地层原油以任何比例混合时，一经接触便可立刻达到完全互溶混相的排驱过程。

多级接触混相驱是指排驱气体在地层中推进时，多次（级）与地层中的原油接触后才能达到混相的排驱过程，它可以进一步分为凝析气驱（如富气驱）和蒸发气驱（如二氧化碳驱、干气驱、氮气驱、烟道气驱等）。

3. 基本概念

（1）相：具有均一性质（密度、黏度等内在性质）的单组分或多组分体系的混合物。如油水体系有两个相，即油相和水相。

（2）泡点压力：液相存在的最小压力，是无限少的气相与液相达到共存的压力。

（3）露点压力：气体存在的最大压力，是无限少的液相与气相达到共存的压力。

（4）临界点：具有相同物理性质的气相与液相共存的极限条件（压力、温度及组成），它是泡点线与露点线的交点。

4. 三元相图

三元相图是描述一定温度和压力下三组分或多组分体系相态特征的等边三角形。如果组分数目超过三个，三元相图就称拟三元相图。三元相图具有三个顶点和三条边，如图6.1所示。

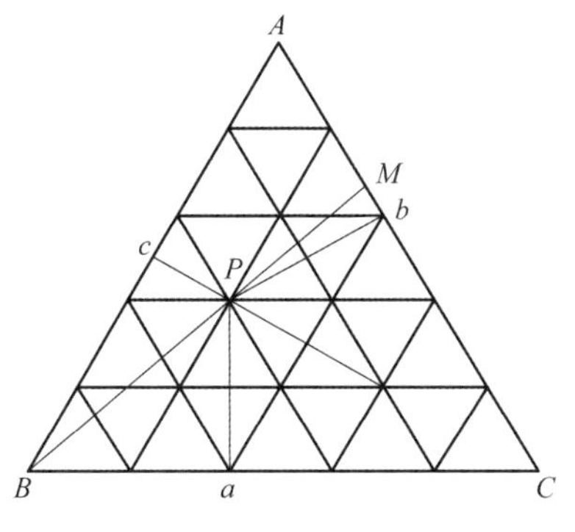

图6.1　三元相图

一个体系含有三个组分 A、B、C，该体系始终落在等边三角形之内。体系中各组成可用质量分数、摩尔分数或体积分数表示。图 6.1 中，P 点代表着一个三组分体系。三元相图的三个顶点各代表一个单组分，即 A、B、C 三个顶点分别代表含有 100% 的 A、100% 的 B 和 100% 的 C 的纯组分；A、B、C 三个顶点的对边分别代表着 A、B、C 组分的含量为零，即三元相图三条边代表着除其对应顶点组分之外的其他两个组分的混合物。

【任务实施】

任务工作单如表 6.9 所示。

表 6.9　任务工作单

任务工作单				
姓名：______		班级：______		组号：______
分组情况				
序号	学号	姓名	角色	职责
工作过程				
序号	工作内容	完成情况		备注
1	分析混相驱驱油剂的作用机理			
2	分析混相驱的混相原理			
3	设计混相驱驱油剂并分析三元相图			

续表

出现问题	解决办法

【任务评价】

任务评价表如表6.10所示。

表6.10　任务评价表

小组名称						
组长		组员				
评价内容			分值	自评	互评	教师评价
组长组织工作（10分）	1. 能平均、合理地分配任务		3			
	2. 能及时组织小组决策，把握进度		3			
	3. 能做好材料的收集、整理工作		4			
知识学习情况（20分）	1. 能够正确理解混相驱驱油机理		10			
	2. 能够正确选择实验的混相注入剂		10			
技能习得情况（20分）	1. 能够分析并使用三元相图		10			
	2. 能够分析混相注入剂的混相驱驱油机理		10			
小组合作情况（20分）	1. 每个成员都能积极地参与小组活动		5			
	2. 每个成员都有自己明确的任务，并能认真地完成任务		5			
	3. 小组成员间能认真倾听，互助互学		5			
	4. 小组合作氛围愉快，合作效果好		5			
素质能力表现（20分）	1. 具有克服困难、迎难而上的勇气		5			
	2. 具有精益求精的工匠精神		5			
	3. 具有爱岗敬业的精神		10			

续表

评价内容		分值	自评	互评	教师评价
创新能力（10 分）	应用创新思维、创新方法进行创新的能力较强，分析和解决问题的能力较好	10			
总分					
最后得分					

【拓展学习】

1. 查看专利“一种用于混相驱降低 CO_2 与原油间最小混相压力的方法”，分析专利中降低 CO_2 与原油间最小混相压力的方法。

一种用于混相驱降低 CO_2 与原油间最小混相压力的方法

2. 分析混相驱驱油剂的组成。

3. 写出二氧化碳和液化石油气的组成及特点。

任务二十七　测定聚合物溶液性能

【任务描述】

HPAM 溶液黏度的影响因素有很多，最主要的是盐及温度的影响。温度可以使 HPAM 溶液黏度发生变化，一般温度升高，黏度减小；温度降低，黏度升高。盐对 HPAM 溶液黏度的影响称为盐敏效应，主要是由盐对 HPAM 扩散双电层压缩引起的。观察盐对 HPAM 溶液黏度影响关系图，得出结论。

【任务目标】

知识目标

1. 理解并熟记聚合物的溶解及特点；
2. 理解并熟记盐对聚合物溶液黏度的影响。

能力目标

1. 能够独立进行聚合物的溶解操作；
2. 能够分析实验数据并进行有效处理。

素养目标

1. 培养学生勇于探索、勇于实践的习惯和能力；
2. 加强学生团队合作意识，增强团队凝聚力。

小贴士：

作为新时期的石油人，立足自身岗位职责，努力掌握新知识、提高新技能、增长新本领，同时增强职业荣誉感，熟练掌握专业技能，为加快实现新时代油田高质量发展奋斗。

【案例导入】

20 世纪 20—40 年代是高分子科学建立和发展的时期；30—50 年代是高分子材料工业蓬勃发展的时期；60 年代以来则是高分子材料大规模工业化、特种化、高性能化和功能化的时期。作为新兴材料科学的一个分支，高分子材料目前已经渗透到工业、农业、国防、商业、医药以及人们的衣、食、住、行的各个方面。

由于历史的原因，1950 年以前我国的高分子科学和工业几乎是一片空白，当时国内没有一所高等学校设立高分子专业，更没有开设任何与高分子科学与工程相关的课程。当时除上海、天津等地有几家生产“电木”制品（酚醛树脂加木粉热压成型的电器元件等）和油漆的小型作坊以外，国内没有一家现代意义的高分子材料生产厂。

1954—1955 年，国内首批高分子理科专业与工科专业分别在北京大学和成都工学院

（后者现合并组建为四川大学）相继创立。时至今日，全国各层次的高等学校中设置高分子科学、材料与工程专业及开设高分子课程的学校在百所以上，为国家培养出了大批高分子专业人才，大大地促进了高分子工业的发展。

从 20 世纪 50 年代开始，国内一批中小型塑料、合成橡胶、化学纤维和涂料工厂相继投入生产。20 世纪 60—80 年代是我国高分子材料工业飞速发展的时期，一大批万吨乃至 10 万吨以上级别的大型 PE、PP、PVC、PS、ABS、SBS 以及其他类别的高分子材料生产和加工大型企业在全国各地相继建成投产。其中，上海金山、南京扬子、江苏仪征、山东齐鲁、北京燕山、湖南岳阳以及天津、兰州、吉林等地已经成为我国重要的大型高分子材料生产基地。如今，我国在高分子科学基础研究、专业技术人才培养以及各种高分子材料的生产数量方面，已经大大地缩短了与发达国家的差距。

从高分子化学发展史中，我们能学到什么？

____

____

____

____

____

____

【知识储备】

1. 聚合物的溶解与盐敏效应

学习微课“聚合物的溶解与盐敏效应”。

聚合物的溶解与盐敏效应

2. 高聚物的溶解

高聚物的溶解比小分子化合物慢得多，其溶解过程分为以下两个阶段。

1）高聚物的溶胀

由于非晶高聚物的分子链段的堆砌比较松散，分子间的作用力又弱，溶剂分子比较容易渗入非晶高聚物内部，使高聚物体积膨胀，这一过程称为溶胀。而非极性的结晶高聚物的晶区分子链堆砌紧密，溶剂分子不易渗入，只有将温度升高到结晶的熔点附近，才能使结晶转变为非晶态，溶解过程得以进行。在室温下，极性的结晶高聚物能溶解在极性溶剂中。

2）高分子的分散

高分子的分散过程是指高分子以分子形式分散到溶剂中，形成均匀的高分子溶液。交联高聚物只能溶胀，不能溶解，溶胀度随交联度的增加而减小。

高分子溶液（特别是那些溶剂的溶解能力较差的溶液）在降低温度时往往会发生相分离，分成两相，一相是浓相，另一相为稀相。浓相的黏度较大但仍能流动，稀相比分级前的浓度更低。往高分子溶液中滴加沉淀剂也能产生相分离，高分子的相分离有分子量依赖性，因而可以用逐步沉淀法来对高聚物进行分子量的分级。

3. 高分子分子量的表示方法

高分子分子量的表示方法有重均分子量、数均分子量、黏均分子量、Z 均分子量。数均就是按数量平均；重均的平均权重是某分子量组分的分子量与此组分物质的量的乘积；Z 均的平均权重是某级份的分子量的平方与物质的量的乘积；黏均是黏度法测得的，涉及 Mark - Houwink 方程。数均直白反应分子量；重均主要用于力学性质的表征；黏均是黏度法测量，测量方便；Z 均则不常用。

【知识链接】

六速旋转黏度计规范操作

六速旋转黏度计是一种测量钻井液（或其他流体）流变参数的一种仪器，常用型号为 ZNN - D6 型。液体放置在两个同心圆的环隙空间内，电动机经过传动装置带动外筒恒速转动，借助于被测液体的黏滞性作用于内筒产生一定的转矩，带动与扭力弹簧相连的内筒产生一个角度，该转角的大小与液体的黏性成正比，于是液体的黏度测量转换为内筒转角的测量。

（1）取出仪器，检查各转动部件、电器及电源插头是否安全可靠。

（2）向左旋转外转筒，取下外转筒。将内筒逆时针方向旋转并向上推，与内筒轴锥端配合，动作要轻柔，以免仪器的内筒轴变形和损伤。向右旋转外转筒，装上外转筒。

（3）接通 220 V、50 Hz 电源。

（4）按动三位开关，调置高速或低速挡。

（5）仪器转动时，轻轻拉动变速拉杆的红色手柄，根据标示变换所需要的转速。

（6）将仪器以 300 r/min 和 600 r/min 的转速转动，观察外转筒不得有摆动，如有摆动，应停机重新安装外转筒。

（7）将仪器以 300 r/min 的转速转动，检查刻度盘指针零位是否摆动，如指针不在零位，应进行校验。

（8）将刚搅拌过的钻井液倒入样品杯内至刻线处（350 mL），立即置于托盘上，上升托盘使内杯液面达到外转筒刻线处。

（9）迅速从高速调整到低速进行测量，待刻度盘的读数稳定后，分别记录各速梯下的读数。对触变性的流体应在固定速梯下，剪切一定时间，取最小的读数为准，也可采用在快速搅拌后，迅速转为低速进行读数的方法。

（10）样品的黏度、切应力等测试和数据计算参照相关“参数计算”进行。

（11）测试完后，关闭电源，松开托板手轮，移开样品杯。

（12）轻轻左旋卸下外转筒，并将内筒逆时针方向旋转垂直向下用力，取下内筒。

（13）清洗外转筒，并擦干，将外转筒安装在仪器上，清洗内筒时应用手指堵住锥孔，以免脏物和液体进入腔内，内筒单独放置在箱内固定位置。

（14）测量扭力弹簧要视仪器使用频率 1～2 年内定期校验。

【任务实施】

1. 设计实验方案

参照中华人民共和国国家标准 SY/T 5862—1993《驱油用丙烯酰胺类聚合物性能测定》中推荐的做法进行。实验步骤设计如下：

____

____

____

____

2. 准备实验材料

实验材料的准备包含仪器设备的预热、材料的处理、各种溶液的配制及用量等内容，学生要能准备实验材料。通过实验材料的准备，使学生掌握仪器的准备、操作，掌握聚合物稀溶液特性黏数的测定方法、分子量的计算等相关计算。材料准备表如表 6.11 所示。

表 6.11　材料准备表

<table>
<tr><th colspan="2">实验材料准备</th><th>准备工作</th></tr>
<tr><td rowspan="4">仪器设备</td><td>电子天平</td><td></td></tr>
<tr><td>水浴锅</td><td></td></tr>
<tr><td>玻璃仪器</td><td></td></tr>
<tr><td>六速旋转黏度计</td><td></td></tr>
<tr><td rowspan="2">溶液配制</td><td>聚合物液配制</td><td>聚合物________g
溶剂水________mL</td></tr>
<tr><td>硝酸钠溶液配制</td><td>硝酸钠________g
溶剂水________mL</td></tr>
</table>

3. 实验实施

实验实施中，学生要合理安排实验内容，有分工、有合作，提高工作效率，包括聚合物的称量、溶解，硝酸钠的称量、溶解，水浴锅的温控等操作，培养学生细致认真的科学精神和实践精神。

4. 实验数据分析

实验数据是化学剂评价的主要依据，学生要懂得分析实验数据（见表 6.12），并能根据实验结果及聚合物稀溶液特性黏数计算聚合物分子量。

表 6.12　实验数据表

试验编号	聚合物质量	时间	特性黏数	聚合物分子量

【任务评价】

任务评价表如表 6.13 所示。

表 6.13　任务评价表

<table>
<tr><td>小组名称</td><td colspan="6"></td></tr>
<tr><td>组长</td><td></td><td>组员</td><td colspan="4"></td></tr>
<tr><td colspan="3">评价内容</td><td>分值</td><td>自评</td><td>互评</td><td>教师评价</td></tr>
<tr><td rowspan="3">组长组织工作
（10 分）</td><td colspan="2">1. 能平均、合理地分配任务</td><td>3</td><td></td><td></td><td></td></tr>
<tr><td colspan="2">2. 能及时组织小组决策，把握进度</td><td>3</td><td></td><td></td><td></td></tr>
<tr><td colspan="2">3. 能做好材料的收集、整理工作</td><td>4</td><td></td><td></td><td></td></tr>
<tr><td rowspan="2">知识学习情况
（20 分）</td><td colspan="2">1. 能够正确理解聚合物溶解方法</td><td>10</td><td></td><td></td><td></td></tr>
<tr><td colspan="2">2. 能够正确进行相关溶液的计算和配制</td><td>10</td><td></td><td></td><td></td></tr>
<tr><td rowspan="2">技能习得情况
（20 分）</td><td colspan="2">1. 能够独立分析和处理实验数据</td><td>10</td><td></td><td></td><td></td></tr>
<tr><td colspan="2">2. 能够正确、独立地操作相关仪器设备</td><td>10</td><td></td><td></td><td></td></tr>
<tr><td rowspan="4">小组合作情况
（20 分）</td><td colspan="2">1. 每个成员都能积极地参与小组活动</td><td>5</td><td></td><td></td><td></td></tr>
<tr><td colspan="2">2. 每个成员都有自己明确的任务，并能认真地完成任务</td><td>5</td><td></td><td></td><td></td></tr>
<tr><td colspan="2">3. 小组成员间能认真倾听，互助互学</td><td>5</td><td></td><td></td><td></td></tr>
<tr><td colspan="2">4. 小组合作氛围愉快，合作效果好</td><td>5</td><td></td><td></td><td></td></tr>
<tr><td rowspan="3">素质能力表现
（20 分）</td><td colspan="2">1. 具有克服困难、迎难而上的勇气</td><td>5</td><td></td><td></td><td></td></tr>
<tr><td colspan="2">2. 具有精益求精的工匠精神</td><td>5</td><td></td><td></td><td></td></tr>
<tr><td colspan="2">3. 具有爱岗敬业的精神</td><td>10</td><td></td><td></td><td></td></tr>
</table>

续表

评价内容		分值	自评	互评	教师评价
创新能力（10分）	应用创新思维、创新方法进行创新的能力较强，分析和解决问题的能力较好	10			
总分					
最后得分					

【拓展学习】

1. 简述六速旋转黏度计的规范操作。

2. 写出配制100 mL聚合物型缓速剂溶液的方法。

任务二十八　测定泡沫性能

【任务描述】

泡沫是由大量气体分散于少量液体中形成的分散体系，属于一种复杂流体，这种复杂流体与水、空气等简单流体的黏弹性不同，其可在较小应力作用下呈现弹性，在较大应力作用下呈现塑性，在更大应力作用下可以流动。泡沫的黏度一般远大于液相的黏度，并且泡沫流体的黏度随剪切速率的增加而降低，该性质使其特别适合作为提高采收率的驱替流体。

【任务目标】

知识目标

1. 理解并熟记泡沫驱的驱油机理；
2. 理解并熟记泡沫驱的定义。

能力目标

1. 能够独立进行泡沫制备的操作；
2. 能够分析实验数据并进行有效处理。

素养目标

1. 养成学生敢闯敢干的创新意识；
2. 加强学生团队合作意识，增强团队凝聚力。

小贴士：

作为新时期的石油人，立足自身岗位职责，努力掌握新知识、提高新技能、增长新本领，加大技术创新力度，支撑油田高质量发展。

【案例导入】

开发进入中后期的中高含水油藏，由于各种化学驱油方式存在着一些制约因素，使得泡沫驱油这种实施成本相对较低、施工工艺相对简单、提高采收率比较明显的驱油方法得到发展。

泡沫技术已在泡沫钻井和泡沫排水方面得到应用，而在驱油方面应用的初衷是利用泡沫在多孔介质中的渗流特性来控制气驱过程中气体的流度，尽管还存在一些问题，但泡沫确实起到了这种作用，并且在气驱和水驱油田提高采收率实践中实现应用。气驱油田中把泡沫作为一种控制气体流度的助剂，而在水驱油田中则把泡沫作为一种驱替介质。

另外，与泡沫在其他工业过程的应用一样，驱油技术也要求泡沫的稳定性，目前泡沫技术研究中，围绕的中心问题之一就是以提高泡沫稳定性为目标来优化设计泡沫的配方体系。

泡沫的配方主要含有表面活性剂和其他助剂（如聚合物、纳米颗粒等）。其中，表面活性剂能吸附在气液界面，降低界面张力，从而提高发泡性和稳定性；助剂的作用是提高泡沫的稳定性，如使用水溶性聚合物（聚丙烯酰胺、聚乙烯醇、聚乙烯吡咯烷酮、黄原胶等）来提高液相黏度，降低排液和气体的扩散速率，从而提高泡沫的稳定性。

表面活性剂种类众多，不同表面活性剂产生的泡沫其稳定性相差很大，目前实验室和矿场主要是以阴离子表面活性剂为起泡剂，也有以阴离子与非离子混合作为起泡剂。虽然阴离子与非离子表面活性剂有很好的发泡性，但产生的泡沫稳定性较差，因此需要使用水溶性聚合物或纳米颗粒来提高稳定性。在泡沫体系中水溶性聚合物能提高液相黏度，但较高的液相黏度会降低起泡性能。前面所述的纳米颗粒一般是表面经过疏水改性处理的颗粒，目前这种颗粒的产量低、价格高，并不适合石油行业的应用。赵濉提出了由阴、阳离子表面活性剂混合构成的稳定且具有一定耐油性的泡沫体系，该泡沫体系由两种阴离子、一种阳离子表面活性剂组成，制备时将阴离子、阳离子表面活性剂及聚合物、无机盐等混合成水溶液后再进行发泡。但是直接混合阴、阳离子表面活性剂要求严苛，对浓度、混合顺序和水质组成等有较高要求，否则很容易出现沉淀。

我们应如何产出性能稳定的泡沫？

【知识储备】

（一）应知应会

1. 泡沫的制备

学习微课“泡沫的制备和性能评价”。

2. 泡沫的性质

1）泡沫的特征值

泡沫的特征值是指泡沫中气体体积对泡沫总体积的比值。

通常泡沫的特征值为0.52~0.99。泡沫特征值小于0.52时的泡沫叫气体乳状液；泡沫特征值大于0.99时的泡沫易于反相变为雾；泡沫特征值超过0.74时，泡沫中的气泡就会变成多面体。

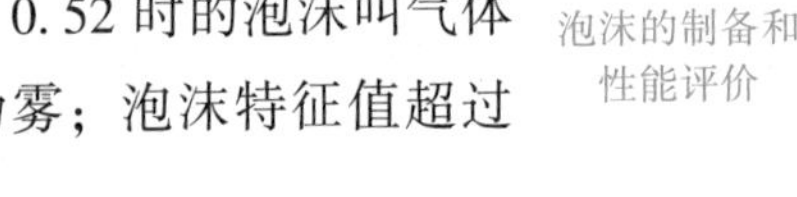

泡沫的制备和性能评价

泡沫驱油效果如图6.2所示。

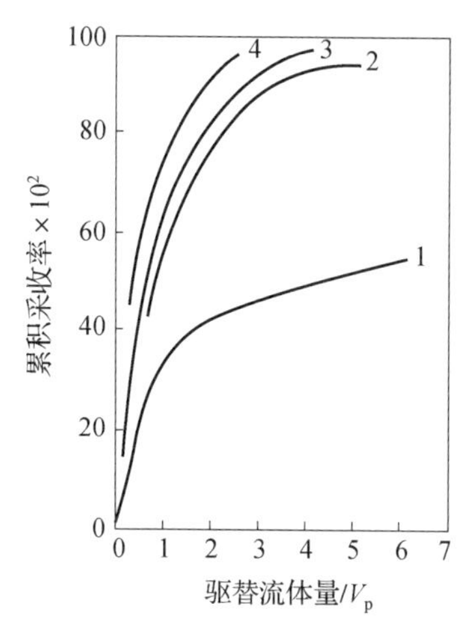

泡沫特征值：1—0.00（水驱）；2—0.72；3—0.85；4—0.91

图 6.2　泡沫驱油效果

2）泡沫黏度

泡沫黏度与泡沫特征值的关系如图 6.3 所示。

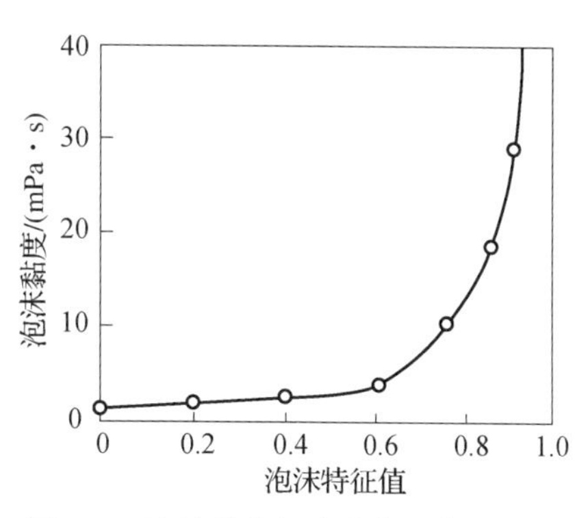

图 6.3　泡沫黏度与泡沫特征值的关系

当泡沫特征值小于 0.74 时：

$$\mu_f = \mu_0 (1.0 + 4.5\varphi)$$

当泡沫特征值大于 0.74 时：

$$\mu_f = \mu_0 \cdot \frac{1}{1 - \sqrt[3]{\varphi}}$$

泡沫的黏度来源于相对移动的分散介质液层间的内摩擦和分散相间的相互摩擦。

泡沫特征值超过一定数值（0.74）时，分散相开始相互挤压，引起气泡变形，泡沫黏度急剧增加。

3. 泡沫驱油机理

1）Jamin 效应叠加机理

对泡沫，Jamin 效应是指气泡对通过喉孔的液流所产生的阻力效应。

当泡沫中气泡通过直径比它小的孔喉时，就发生这种效应。Jamin 效应可以叠加，所以当泡沫通过不均质地层时，它将首先进入高渗透层。由于 Jamin 效应的叠加，所以它的流动阻力逐渐提高，因此，随着注入压力的增加，泡沫可以依次进入那些渗透性较小、流动阻力较大而原先不能进入的中、低渗透层，提高波及系数。

2）增黏机理

由于泡沫有大于水的黏度，所以它有大于水的波及系数，即泡沫驱有比水驱高的采收率。

3）稀表面活性剂体系驱油机理

泡沫的分散介质为表面活性剂溶液，根据表面活性剂在其中的浓度，它应具有稀表面活性体系的性质，因此具有与它们相同的驱油机理。

（二）实践训练

1. 泡沫溶液的配置。

____

____

____

____

____

____

____

2. 泡沫的体积与泡沫特征值。

____

____

____

____

____

____

____

【任务实施】

1. 设计实验方案

参照中华人民共和国国家标准 GB/T 1632—1993《聚合物稀溶液黏数和特性黏数测定》中推荐的做法进行。实验步骤设计如下：

____

____

____

____

2. 准备实验材料

实验材料的准备包含仪器设备的预热、材料的处理等内容，学生要能准备实验材料。通过实验材料的准备，使学生掌握仪器的准备、操作，掌握泡沫稳定性的测定方法、泡沫特征值的计算等相关计算。材料准备表如表 6. 14 所示。

表 6. 14　材料准备表

实验材料准备		准备工作
仪器设备	电子天平	
	高速搅拌器	
	玻璃仪器	
	秒表	
实训药品	起泡剂	
	瓜胶	
	氯化钙	

3. 实验实施

实验实施中，学生要合理安排实验内容，有分工、有合作，提高工作效率，包括起泡剂的移取、泡沫的制备、半衰期的测定等操作，培养学生细致认真的科学精神和实践精神。

4. 实验数据分析

实验数据是化学剂评价的主要依据，学生要“懂”得分析实验数据（见表6. 15)，并根据实验结果及聚合物稀溶液特性黏数计算聚合物分子量。

学生可以评价起泡剂性能并判断泡沫质量。

表 6. 15　实验数据表

试验编号	转速/（$r \cdot min^{-1}$）	泡沫现象	半衰期/min	泡沫体积/mL

【任务评价】

任务评价如表 6.16 所示。

表 6.16　任务评价表

小组名称						
组长		组员				
评价内容		分值	自评	互评	教师评价	
组长组织工作（10 分）	1. 能平均、合理地分配任务	3				
	2. 能及时组织小组决策，把握进度	3				
	3. 能做好材料的收集、整理工作	4				
知识学习情况（20 分）	1. 能够正确配置起泡剂溶液	10				
	2. 能够正确进行相关溶液的计算和配置	10				
技能习得情况（20 分）	1. 能够独立分析和处理实验数据	10				
	2. 能够正确、独立操作相关仪器设备	10				
小组合作情况（20 分）	1. 每个成员都能积极地参与小组活动	5				
	2. 每个成员都有自己明确的任务，并能认真地完成任务	5				
	3. 小组成员间能认真倾听，互助互学	5				
	4. 小组合作氛围愉快，合作效果好	5				
素质能力表现（20 分）	1. 具有克服困难、迎难而上的勇气	5				
	2. 具有精益求精的工匠精神	5				
	3. 具有爱岗敬业的精神	10				
创新能力（10 分）	应用创新思维、创新方法进行创新的能力较强，分析和解决问题的能力较好	10				
总分						
最后得分						

任务二十九　测定驱油用聚合物分子量

【任务描述】

聚丙烯酸（PAA）是一种水溶性高分子聚合物，又称丙烯酸均聚物，具有可电离的羧酸侧基和良好的亲水性。根据分子量的大小可以划分为三类，高分子量、低分子量以及中分子量。PAA 的应用范围较广，具体用途主要取决于其相对分子量。随分子量的不同，PAA 表现出不同的性质，这主要是因为 PAA 分子是长链状，随着分子链改变，长链改变，负电荷密度也不同。我们常见的聚丙烯酰胺不同分子量是否也有着不同的用途呢？

【任务目标】

知识目标

1. 理解并熟记聚合物分子量的测量方法；
2. 理解并熟记相对分子量的计算方法。

能力目标

1. 能够独立进行毛细管黏度计的操作；
2. 能够分析实验数据并进行有效处理。

素养目标

1. 养成学生终身可持续发展的能力；
2. 养成学生自我担当和团队合作精神。

小贴士：

科技创新是引领发展的第一动力，作为新时期的石油人，我们要立足岗位，熟练掌握专业技能，为加快实现新时代油田高质量发展奋斗。

【案例导入】

聚合物在我们生活中的应用。

聚合物是由许多重复单元组成的大分子化合物，它们在我们的生活中发挥着重要的作用。以下是一些聚合物应用的介绍。

1. 塑料制品

聚合物被广泛用于塑料制品的制造。塑料是一种轻便、耐用且可塑性强的材料，它们在食品包装、日用品、家具、汽车零部件等方面都有广泛的应用。聚合物材料的使用不仅可以减轻重量、降低成本，还能提供更好地保护和维持产品的质量。

2. 纺织品

许多纺织品都是由聚合物纤维制成的。例如，尼龙是一种常见的合成纤维，它具有较高的强度和耐磨性，被广泛用于制造服装、袜子、帆布等。聚酯纤维也是一种常见的聚合物纤维，常用于制造衣物和家居用品。

3. 药物和医疗器械

聚合物在医疗领域有着广泛的应用。例如，聚乳酸和聚己内酯等可降解聚合物，被用于制造缝合线和可吸收的缝合线。聚合物材料还被用于制造人造关节、心脏支架和药物传递系统等医疗器械。

4. 化妆品和个人护理产品

许多化妆品和个人护理产品中都含有聚合物。例如，聚合物被用作增稠剂、乳化剂和稳定剂，它们可以提高产品的质地和稳定性，确保产品的有效性和质量。

5. 涂料和涂层

聚合物被广泛用于制造各种涂料和涂层，它们可以提供保护和装饰表面的功能。聚合物涂料具有耐候性、耐磨性和耐化学品的特性，被广泛用于建筑、汽车和航空航天等领域。

6. 电子产品

聚合物在电子产品中扮演着重要的角色。例如，聚合物被用于制造电线和电缆的绝缘层，以防止电流泄漏和保护电线。聚合物也被用作电子元件的封装材料和电路板的基材。

7. 环境保护

聚合物在环境保护方面也发挥着重要作用。例如，聚合物被用于制造可降解的塑料袋和包装材料，以减少对环境的影响。聚合物也可以用于处理废水和废气，以净化环境。

聚合物在我们的生活中发挥着多种多样的作用，它们不仅改善了我们的生活质量，还推动了科技的发展和环境的保护。随着科学技术的不断进步，聚合物的应用将会更加广泛和创新。

你还知道聚合物的哪些用途？

____

____

____

____

____

【知识储备】

（一）应知应会

1. 聚合物相对分子量的测定

聚合物相对分子量测定

学习微课“聚合物相对分子量测定”。

聚合物相对分子质量的测定方法现已发展到十多种，不同的方法可适用于不同的相对分子量范围，给出不同的统计平均分子量。采用不同的方法测得的平均分子量也不同，本试验采用一种简单通用的方法——黏度法测定聚合产品的相对分子量。黏度法是测定聚合物的相对分子量使用的最广泛的方法。

2. 高分子分子量的表示方法

重均分子量、数均分子量、黏均分子量、Z 均分子量、Z +1 均分子量。

数均就是按数量平均；重均平均权重是某分子量组分的分子量与此组分物质的量的乘积；Z 均的平均权重是某级的分子量的平方与物质的量的乘积，Z +1 均同理；黏均是黏度法测得的，涉及 mark – houwink 方程。数均不用说了，直白反映分子量；重均主要用于力学性质的表征；黏均是黏度法测量，测量方便；Z 均和 Z +1 均不常用。

学习中华人民共和国国家标准 GB/T 1632—1993《聚合物稀溶液黏数和特性黏数测定》，了解聚合物分子量测定方法。

GB/T 1632—1993

（二）实践训练

1. 乌氏黏度计的操作方法。

2. 配制聚合物溶液 100 mL。

【任务实施】

1. 设计实验方案

参照中华人民共和国国家标准 GB/T 1632—1993《聚合物稀溶液黏数和特性黏数测定》中推荐的做法进行。实验步骤设计如下：

2. 准备实验材料

实验材料的准备包含仪器设备的预热、材料的处理、各种溶液的配制及用量等内容，学生要能准备实验材料。通过实验材料的准备，使学生掌握仪器的准备、操作，掌握聚合物稀溶液特性黏数的测定方法、分子量的计算等相关计算。材料准备表如表 6. 17 所示。

表 6. 17　材料准备表

<table>
<tr><th colspan="2">实验材料准备</th><th>准备工作</th></tr>
<tr><td rowspan="4">仪器设备</td><td>电子天平</td><td></td></tr>
<tr><td>玻璃仪器</td><td></td></tr>
<tr><td>乌氏黏度计</td><td></td></tr>
<tr><td>秒表</td><td></td></tr>
<tr><td rowspan="2">溶液配制</td><td>聚合物液配制</td><td>聚合物________g。
溶剂水________mL。</td></tr>
<tr><td>氯化钠溶液配制</td><td>氯化钠________g。
溶剂水________mL。</td></tr>
</table>

步骤三、实验实施

实验实施中，学生要合理安排实验内容，有分工、有合作，提高工作效率，包括聚合物的称量、溶解、硝酸钠的称量、溶解、水浴锅的温控等操作，培养学生细致认真的科学精神和实践精神。

步骤四、实验数据分析

实验数据是化学剂评价的主要依据，学生要“懂”得分析实验数据（见表6. 18），根据实验结果及聚合物稀溶液特性黏数计算聚合物分子量。

表 6. 18　实验数据表

试验编号	聚合物质量	时间	特性黏数	聚合物分子量

【任务评价】

任务评价如表6.19所示。

表6.19　任务评价表

小组名称						
组长		组员				
评价内容		分值	自评	互评	教师评价	
组长组织工作（10分）	1. 能平均、合理地分配任务	3				
	2. 能及时组织小组决策，把握进度	3				
	3. 能做好材料的收集、整理工作	4				
知识学习情况（20分）	1. 能够正确理解聚合物溶解方法	10				
	2. 能够正确进行相关溶液的计算和配制	10				
技能习得情况（20分）	1. 能够独立分析和处理实验数据	10				
	2. 能够正确、独立操作相关仪器设备	10				
小组合作情况（20分）	1. 每个成员都能积极地参与小组活动	5				
	2. 每个成员都有自己明确的任务，并能认真地完成任务	5				
	3. 小组成员间能认真倾听，互助互学	5				
	4. 小组合作氛围愉快，合作效果好	5				
素质能力表现（20分）	1. 具有克服困难、迎难而上的勇气	5				
	2. 具有精益求精的工匠精神	5				
	3. 具有爱岗敬业的精神	10				
创新能力（10分）	应用创新思维、创新方法进行创新的能力较强，分析和解决问题的能力较好	10				
总分						
最后得分						

课后练习

一、选择题

1. 通过向油层注入热流体降低原油黏度，以增加原油流动能力的采油方法，称为（　　）。

A. 水动力学方法　　B. 化学驱

C. 混相驱　　D. 热力采油法

2. 属于化学驱采油的方法是（　　）。

A. 火烧油层　　B. 惰性气体驱油

C. 烃类油层　　D. 表面活性剂驱

3. 聚合物驱用的是（　　）驱油剂。

A. 表面活性剂　　B. 碱水溶剂

C. 聚合物水溶液　　D. 液化石油气

4. 碱驱常用的碱包括（　　）。

A. 氢氧化钠　　B. 氢氧化钾

C. 氯化钠　　D. 氢氧化铵

5. 活性剂驱时，高温地层可选用（　　）类型的活性剂。

A. 阳离子　　B. 阴离子　　C. 非离子

6. 碱驱用碱的最佳 pH 值为（　　）。

A. 8 ~ 9　　B. 9 ~ 11　　C. 11 ~ 13　　D. 9 ~ 14

7. 泡沫驱提高采收率技术中的发泡剂一般为（　　）。

A. 盐类　　B. 表面活性剂

C. 醇类　　D. 聚合物

8. 利用油藏天然能量开发的采油方式叫（　　）。

A. 衰竭式采油　　B. 水驱　　C. 聚合物驱　　D. 气驱

9. 延长油田适合开展（　　）。

A. 聚合物驱　　B. 表面活性剂驱

C. 碱驱　　D. 二元复合驱

10. 二氧化碳驱的驱油机理是（　　）。

A. 降低油水界面张力　　B. 使原油体积膨胀

C. 萃取汽化轻烃　　D. 提高驱油剂黏度

二、判断题

1. 离子型表面活性剂分为阴离子型和阳离子型表面活性剂。（　　）

2. 气体混相驱可以分为一次接触和多次接触混相驱，按混相驱机理不同，后者又可分

为凝析混相和汽化混相。（　　）

3. 微乳液的驱油机理主要有两种，即非混相驱和混相驱。（　　）

4. 原油采收率是注入工作剂的波及体积与洗油效率的乘积。（　　）

5. 碱驱目前存在碱耗严重、碱驱油藏生产井结垢严重、生产井产出液乳化严重等工艺问题。（　　）

6. 驱油用的表面活性剂的亲水性大于亲油性。（　　）

三、思考题

1. 简述聚合物驱提高原油采收率的主要机理。

2. 简述表面活性剂驱的驱油机理及运用条件。

3. 简述三元复合体系驱油的机理。

4. 影响提高采收率的因素有哪些？

5. 影响聚合物吸附的主要因素有哪些？

参 考 文 献

[1]周小玲,孟祥江.油田化学[M].北京:石油工业出版社,2010.

[2]董长银.油气井防砂理论与技术[M].北京:中国石油大学出版社,2012.

[3]赵福麟.油田化学[M].东营:石油大学出版社,2000.

[4]于涛,丁伟,罗洪君.油田化学剂[M].北京:石油工业出版社,2002.

[5]复旦大学.物理化学实验[M].北京:人民教育出版社,2000.

[6]山东大学.物理化学与胶体化学实验[M].北京:人民教育出版社,1982.

[7]傅献彩,沈文霞.物理化学[M].北京:高等教育出版社,2006.

[8]郑晓宇,吴肇亮.油田化学品[M].北京:化学工业出版社,2001.

[9]康万利,董喜贵.三次采油化学原理[M].北京:化学工业出版社,1997.

[10]侯万国,孙德军.应用胶体化学[M].北京:化学工业出版社,1997.

[11]徐燕莉.表面活性剂的功能[M].北京:化学工业出版社,2001.

[12]德鲁·迈克斯.表面、界面和胶体——原理及应用[M].吴大诚,译.北京:化学工业出版社,2005.

[13]赵福麟.采油化学[M].东营:石油大学出版社,1994.

[14]赵福麟.采油用剂[M].东营:石油大学出版社,1997.

[15]北京大学化学系.胶体与界面化学实验[M].北京:北京大学出版社,1993.

[16]沈钟,王果庭.胶体与界面化学[M].北京:化学工业出版社,1997.

[17]郭平,刘士鑫,杜建芬.天然气水合物气藏开发[M].北京:石油工业出版社,2006.

[18]夏俭英.泥浆高分子化学[M].东营:石油大学出版社,1994.

[19][美]H. C. H. Darley,[美]Ryen Caenn,[美]George R. Gray.,等.钻井液和完井液的组分与性能[M].鲍有光,译.北京:石油工业出版社,1994.

[20]吴隆杰,杨凤霞.钻井液处理剂胶体化学原理[M].成都:成都科技大学出版社,1992.

[21]刘一江,王香增.化学调剖堵水技术[M].北京:石油工业出版社,1999.

[22]黄汉仁,杨坤鹏,罗平亚.泥浆工艺原理[M].北京:石油工业出版社,1995.

[23]杨承志.化学驱提高石油采收率[M].北京:石油工业出版社,1999.

[24]姜继水,宋吉水.提高石油采收率技术[M].北京:石油工业出版社,1999.